—

TURING 图灵新知

物語思考

「やりたいこと」が見つからなくて悩む人のキャリア設計術

用故事思维设计你的人生

[日] 古川健介 —— 著

尤斌斌 —— 译

人民邮电出版社

北京

图书在版编目（CIP）数据

用故事思维设计你的人生 ／（日）古川健介著 ；尤斌斌译. -- 北京 ：人民邮电出版社，2025. -- ISBN 978-7-115-66020-6

Ⅰ. B821-49

中国国家版本馆 CIP 数据核字第 2025AB6429 号

内 容 提 要

许多人常常感到迷茫，不知道自己想要什么、想成为什么样的人，也不敢采取行动改变现状。本书提出了一个解决方案：用故事思维来设计你的人生。故事思维强调的是，将人生视为一个正在创作中的故事，自己则是故事的主角。

全书把这个设计过程分为 5 个步骤：①打开思维的枷锁，思考自己想成为什么样的人；②塑造角色；③让角色行动起来；④构建最适合角色生活的环境；⑤推动人生故事发展。通过这些步骤，你可以突破固有思维，重新定义自我，并在新的环境中采取行动。

本书适合正处于人生转折点、渴望改变但不知如何行动的人阅读。

◆ 著　　　[日] 古川健介
　　译　　　尤斌斌
　　责任编辑　王振杰
　　责任印制　胡 南
◆ 人民邮电出版社出版发行　　北京市丰台区成寿寺路11号
　　邮编　100164　电子邮件　315@ptpress.com.cn
　　网址　https://www.ptpress.com.cn
　　涿州市般润文化传播有限公司印刷
◆ 开本：880×1230　1/32
　　印张：5.5　　　　　　　　2025 年 3 月第 1 版
　　字数：131 千字　　　　　　2025 年 11 月河北第 2 次印刷
　　著作权合同登记号　图字：01-2024-3863 号

定价：49.80元
读者服务热线：(010)81055730 印装质量热线：(010)81055316
反盗版热线：(010)81055315

版权声明

如何使用本书

世间之事大抵都有章可循

好像许多人都在为"找不到想做的事"而烦恼，尤其是年轻人，他们看似用尽全力在寻找自己想做的事。那么，人们为什么会执着于"找到自己想做的事"呢？

也许是因为人们憧憬着"找到自己想做的事，不在意周围人的目光，也不胡思乱想，保持专注终其一生"这种理想的生活状态。

近几年，我很少听到有人说"想发财"或者"想开豪车、戴名表，受人追捧"之类的话，相反，人们"为梦想而努力生活"的欲求更加强烈。很庆幸，我们生活在一个和平富足的社会。

我经常在网上发表言论，也时常收到网友们的私信。很多人向我咨询"如何才能找到自己想做的事"这类问题，我总会建议他们："在尝试游泳之前，你怎么能知道自己是否喜欢游泳呢？所以对于那些你可能会感兴趣的事，不妨先试一试。"

我的建议与成功励志书中常见的"先行动起来再说"的建议如出一辙。很多人听到这个建议后，先是恍然大悟，进而瞬间充满斗志，然而没多久，他们又会陷入"因感到不安而无法付诸行动"的困境。

那么，该怎么办呢？

首先要了解这种"不安"情绪，我认为其可以分为以下三种类型。

第一种是"别人会不会用异样的目光看我""如果试过之后发现自己不感兴趣而立即放弃，会不会遭人取笑""如果进展不顺利，会不会很丢脸"，即"在意他人目光"型。

第二种是"如果以此为生，连饭都吃不上该怎么办""万一将来赚不到钱而变得穷困潦倒该怎么办"，即"焦虑未来"型。

第三种是"害怕改变"，即"想要维持现状"型。

换个角度说，只要战胜这些不安，付诸行动，便能解决问题。因此我撰写本书的目的，正是在于揭示解决该问题的答案。

大部分成功励志书并不好用

市面上有非常多的书是专为"想找到自己想做的事"这类人而创作的，其中有许多书旨在鼓励人们"去找自己喜欢的事""一心一意做好这件事""别惧怕风险，赶紧行动起来"。很多人在阅读这类书时会瞬时心潮澎湃，大有气吞山河之势，然而没过几日又复旧如初，令人泄气。

这类成功励志书和指导书往往只能使人短暂兴奋，虽然可以被当作"功能性饮料"一饮而尽，但是并不适合长期阅读。

本书的目标受众主要是那些"想找到自己想做的事却不知道从何下手"的人和"想行动起来却不知道如何开始"的人。

这是一本专为面对上述问题束手无策之人而写的"秘籍"。本书会倾囊相授，为他们提供切实的"方法"，基本上也不会出现类似唯心主义的"鸡汤"。

本书只是"我个人的建议"，纯粹像是一本平铺直叙的百科全书而已，完全不具备"功能性饮料"式的功效，因此不会让你精神为之一振或获得任何救赎。阅读本书的感受就像是在阅读说明书一般，你可能会内心恬淡宁静。

所以，对于那些已经找到梦想或坚定行动的人而言，本书可能帮助不大。

我以前也不会去行动

讲了这么多却忘了自报家门，我是古川健介，目前经营着一家名为"ARU"的创新型互联网公司。

要说为什么我要为"找不到想做的事"或"无法行动起来"的人写这本书，是因为我以前也是这些人中的一员。

自小学起，我便一无所长，是个学习差、运动差、美术音乐也很差的"三差"学生。所以，我曾经也是一个性格内向、社交能力弱并对未来很焦虑的人。

上高中以后，连我自己都怀疑如果我继续这样，人生道路会不会出问题，所以就懵懵懂懂地给自己定了一个不大的目标——努力成为正式员工。当时的我没有什么远大理想，认为"只要考上大学，找到工作，就会有出路"。

我当时学习很差，所以就去上了补习班，而在补习班的学习经历对我影响甚大。

学校的老师们总是滔滔不绝地教导我们"什么是学问"，或者教育我们"学习很重要，对将来有好处"，所以我也一直以为学习就是这么一回事。

而补习班的老师却说："面对考试，只要拿到及格的分数就行，其他都不重要。所以，我会教你们如何顺利拿到及格的分数。"

在此之前，我对"学习就是要了解学问的真谛或学习的乐趣"这样的言论深信不疑。然而，补习班的老师直白地告诉我："想考上大学，只要想方设法拿到及格的分数就行。"这让我感到无比轻松。

在他们的指导下，我那原本很差的成绩"肉眼可见"地提高了。这多亏了在补习班学到的以拿到及格分数为目标的"必杀技"，例如，在古文考试中"出现这个助词时，主语就会变"，在英语考试中"主语和补语必须一致，所以只要找到相似结构，知道如何改写句子，问题就迎刃而解了"。

自那时起，我发现"世间之事大抵都有章可循，我们照章行事即可"。

不过，我最终没考上理想的大学，于是选择复读一年，但是那时的我认为："只要能收集到如何考上理想大学的信息，就成功了一半。"所以我就没有急着备考，而是先建立了一个社交网站。鉴于当时很多人在网上几乎找不到自己需要的备考信息，所以我就开放了网站的用户发帖权限，让他们交流有关备考的信息和心得。

也许因为大家对备考信息有着很大的需求，所以我建立的网站不断发展壮大，逐渐成为一个每日发帖量超过 5000 的社交服务网站。得益于网站上的信息，我成功地考上了理想中的大学——私立大学中一所最难考的学校。

步入社会以后，我依然广泛阅读各种有关窍门的书，因此工作能力得以不断提高。我极度热爱快速解决各种困难的实用窍门，于是在 2009年创立了以"提供窍门信息"为概念的公司。

在公司的巅峰时期，我们网站的每月用户访问量高达 2500 万人次。

只要照章行事，谁都可能成功

我之所以如此热爱实用窍门，是因为**"只要照章行事，谁都可能成功"**。就好比一个不会做菜的门外汉想要做一道汉堡肉饼时，买一本合适的烹饪书参考着做，总是不会错的。

有一些人一味地为"不知道怎么做汉堡肉饼"而苦恼，却不看烹饪书；还有一些人翻车一次后就灰心丧气了，想当然地认为"自己没有做菜的天赋"。事实上，这些行为都是不可取的。

选择烹饪书时，也是讲究诀窍的。其实，那类深谈"烹饪最重要的，是让品尝菜肴的人露出满意的笑容"，即谈论经验的书，还有高谈阔论"不能完全照着食谱做菜，要学会自己创新"，即创新应用型的书，对初学者都毫无参考价值。

虽然这两点在未来的学习中也很重要，但对于阅读参考书的门外汉来说，当务之急是有效地解决现有问题，改变现状。

成功的秘诀在于，"在起步阶段不必自己思考"。因为在大多数情况下，市面上早已经有各种可参考的"实用手册"了，所以在起步阶段我们只需借助工具书按部就班即可。除非到了万不得已要自己思考的境地，不然就尽可能地借助工具书，以求快速达成目标。

以烹饪汉堡肉饼为例，首先要熟记制作它的食谱，等到厨艺见长时，再去发掘制作它的关键技巧或者发挥自己独特的创意。既然到了某个阶段必定需要自己独立思考，那么在此之前最好借助他人的智慧尽快达成目标。人类就是这样不断进化而来的。

我也想为"找到自己想做的事，并付诸行动"的人们提供类似的"食谱"，所以我撰写了本书。

本书具体面向以下几类人群：

"明明知道'需要行动起来'，却偏偏行动不起来"的人；

"没有什么特别想做的事，就算有也缺乏自信"的人；

"想要人生更有激情、更充实，却不知道做什么好"的人。

本书将按照以下 5 个步骤进行讲解：

① 打开限制自身的枷锁；

② 给自己塑造理想的角色；

③ 让角色实际行动起来；

④ 构建角色生活的环境；

⑤ 借助角色"推动人生故事发展"。

既然我撰写了本书，当然也满心期待很多人能践行书里的建议，希望他们能单纯地享受思考的过程。

幸福与成功不同

我认为人生的终极目标是"追求自己的幸福"，想必很少有人会对此提出异议，因为大家都希望自己能够幸福。

不过，有很多人将幸福和成功画上了等号。

在词典里，"成功"被解释为"获得预期的结果"，比如"变成富翁""担任大企业的董事长"。

虽说这也是美事一桩，不过它是否能和"幸福"画上等号，就另当别论了。毕竟这只是意味着"目标达成了"，仅此而已。

举个比较极端的例子，假设有人将"出人头地，升任企业董事长"作为奋斗目标，他每天忙于工作，牺牲了个人时间，甚至遭受了同事的孤立……不过，他在职场上一路高升，最终打败了许多竞争对手，成功升任了董事长。如果将这样的结果归结为"幸福"，我不敢苟同。

人们常常误以为"正因为历尽艰辛，越过艰难险阻，成功来之不易，所以这才是一种幸福"，于是大家在脑海中描绘了一幅画，即"长风破浪会有时，直挂云帆济沧海"。

可是，有的人虽然努力考上了"好大学"，但精神上饱受备考的折磨，在大学期间一直闷闷不乐；有的人虽然实现了财务自由，可以一辈子不用工作，却因为每天百无聊赖而痛苦不已。

换言之，在某种意义上，实现目标确实意味着成功，但这并不代表也收获了幸福。

幸福意味着活在当下，活得充实

要实现某个目标，当然需要付出努力。

由于我经营的公司是提供技术服务的，其中七至八成的业务是让人进退维谷或者令人郁闷苦恼的麻烦事。面对这些麻烦事，我并不是秉持着"终会苦尽甘来"的态度，而是以"生活就是有喜有忧，有苦有甜"的观点坦然接受。

就像制造产品一样，生产者每天都会碰到困难，面临痛苦，但在看到产品畅销或者深受顾客喜爱的那一瞬间，他们的内心又会收获十足的喜悦。

在我看来，喜忧参半的生活才最让人感到充实、幸福。

生活不是非此即彼的切换，"一年之中，先只和烦恼打交道，等达成目标后，剩下的全是幸福"是不可能的。

换言之，无论发生什么，我们都能感受到"活在当下，活得充实"，这才是我们应该追求的人生状态。

我希望更多读者通过阅读本书掌握"故事思维"，也希望他们比起注重是否可以达成目标，更在意"当下是否快乐，是否活得充实"。

我撰写本书不仅仅是为了获得快乐，因为阅读有趣的作品、玩游戏、品尝美食、买到心仪的商品……也能为人们带来快乐。可是，这些快乐都是可以用金钱买到的，但是"顾客愿意花 5000 日元购买我的作品"带给我的快乐千金难买。此外，这部作品还是我与同伴呕心沥血创作出来的，所以我会获得加倍的快乐。

正因为我"活在当下"，所以才能感受到幸福吧！

相比助你成功，本书更愿你幸福

本书既不属于"成功励志书"，也与"自我启发类的书"稍有不同。

本书着重的不是如何促进自身成长，而是**稍微转变一下思维方式，人生道路也许就会走得更顺，可能最终会通往幸福。**

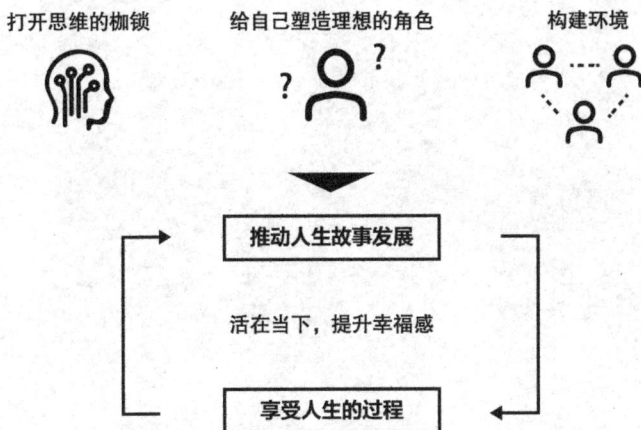

让更多的人获得成功很难，但获取幸福相对容易，因为这只需要改变一下自身的状态便能实现。让感觉自己不幸福的人突然拥有 100% 的幸福很难，但如果能将 100% 的不幸福减少至 80%，进而减少至 50%，这也是一种非常了不起的进步。

综上所述，本书将：

- 帮助更多的人活在当下，活得充实，变得幸福；
- 介绍如何变得充实、幸福；
- 引导读者转变思维方式，找到让人生道路走得更顺的诀窍；
- 提供具体的方法论。

在你找不到自己想做的事之时，或者正为不懂该如何行动起来而感到烦恼之际，倘若本书能帮你一点儿小忙，我将备感荣幸。

目 录

如何使用本书

什么是
"故事思维"

本书的目标是引导你利用"故事思维"打开思维的枷锁，给自己塑造角色，提高行动力，享受当下，活得充实。

那么，到底什么是"故事思维"呢？

一言以蔽之，"故事思维"是指，如果想过上梦寐以求的生活，那么不妨把人生当成正在写的故事，而自己作为这个故事的主人公，就像"推动故事情节发展"一样，正推动着自己的人生进程。这就是"故事思维"的奥义。

这听起来有些奇怪，甚至像是另一本令人厌恶的自我启发类的书，不过"只有站在客观角度来审视自身，才对解决本质问题更有帮助"。

你或许会因"找不到想做的事"而苦恼，会因"找不到合作伙伴"而困扰，会因"害怕挑战"而焦虑。可是如果以"故事思维"去思忖，在解决很多问题时，就仿佛在处理别人的事一般，也可以做到乐在其中。

挑战和失败本就会让人感到害怕。比如，突然得知自己将被调去国外工作，一时之间肯定会被吓坏，哪怕你在某种程度上对目前的工作确实心存不满，也想维持更令人心安的现状。

可是，从"故事思维"的立场来看，没有挑战和失败才是风险。这是因为，就故事的可读性而言，风平浪静的人生简直无聊透顶。如果主人公不离开目前居住的城市，就永远不会开始精彩的冒险，可能也交不到新的朋友，每天都重复着单调无趣的生活。

应用"故事思维"类似"写小说"。

可以给"主人公"——我们自己——设定一个"角色"，将其塑造成自己想成为的样子，还可以构建这个角色所生活的环境，并决定他整个人生的发展方向。把自己视作故事中的人物，将自己的事当作别人的事，这样你就可以客观地处理所遇到的各类问题了。

　　如果一件事情突然发生在自己身上，我们大概会被吓得不知所措。但一想到这只不过是自己故事中的人物所遇到的事情，我们就能泰然处之，旁观者清。

　　看到这里，你也许会心生疑问：就算你告诉我"可以把人生当成正在写的故事"，我也不知道具体该怎么做。不过你无须担心，本书会不厌其烦地向你介绍具体的方法。

本书章节设置

　　步骤 1 是打开"思维的枷锁"，思考自己想成为什么样的人。面对挑战，几乎没有人可以马上就行动起来，毕竟脑中无意识的思维枷锁会遏制我们向前的决心，所以我们需要逐一打开那些无意识的思维枷锁。

　　步骤 2 是塑造属于你自己的"角色"，这也是最重要的环节。这里的角色形象不可以是"性格开朗""奇特的性格"，因为这种模糊的"形象"完全行不通。我将会在此步骤中详细介绍"如何塑造角色形象"。

　　步骤 3 是思考如何让角色行动起来。只有行动起来，整个角色的形象才能得以深化，这时耐心就显得尤为重要了。

　　步骤 4 是思考如何构建最适合角色生活的环境。人是很脆弱的生物，所以即便我们塑造了完整的角色并使其开始行动，他也会因为深受环境的影响而时好时坏。

　　环境决定人，这么说绝对毫不夸张。想要非常自然地将自己塑造的角色融入固定不变的环境，本书不仅会教你走上"正道"，同时还会教你去"抄小路"。此外，本书还会介绍如何使你在社交媒体上涨粉。

　　步骤 5 是推进故事情节发展。对某个目标发起挑战，鼓励自己在人生道路上不断前进，我将其称为"推动人生故事发展"。"即使面对巨大挑战时有可能会以失败告终，我们也不惧失败，最终战胜了困难"的故事的确精彩，但在正常情况下，人们通常会感到惶恐不安吧？本书会从多个角度教你克服这种不安的情绪。

最后是以**"故事没有结局"**作为尾声。正如我在"如何使用本书"中提到的那样，活在当下、活得充实才最令人快乐。所以，"故事思维"的核心就是"不给故事设定特定的结局，让角色潇洒地活出自己的人生"。

让我们赶紧开启步骤 1 吧！

开始

打开思维的枷锁，
思考自己
想成为什么样的人

打开思维的枷锁，找到自己"想成为的样子"

在进入步骤 1 之前，序幕的确占用了一定篇幅。在此强调一下，本书每个部分的开场白都比较长，这是因为，只有把方法论讲清楚，读者才更容易理解本书的主旨。

本书提到的方法论听起来有可能会很正确，有可能会很奇怪，还有可能会很牵强。不过这些方法论都是为了帮助你在阅读本书时，能将从书中学到的知识有效地转化成自己的精神食粮，所以我认为这种呈现形式是最好的。**如果你觉得每个部分的开场白篇幅太长，可以视情况跳着看。**

下面终于迎来了"故事思维"的实践环节，我会向各位传授具体的方法论。在步骤 1 中，我会为行动不起来的人介绍该如何"打开思维的枷锁"。

正如前文提到的，不要考虑"想做什么事"（Do），而要思考"想成为什么样的人"（Be）。毕竟考虑"想做什么事"（Do）很难，而思考"想成为什么样的人"（Be）相对容易些。

很多人在决定做某事时，总是会将思维定格在当前的状态中。例如，之前有位客户来找我咨询时，我对他说："假如没有任何限制条件，你想成为什么样的人呢？请写出你的答案。"当时他写的是"成为年收入达到 600 万日元①的人"。既然没有任何限制条件，那么其实他可以写 1000 万日元，甚至可以写 1 亿日元，结果他却给自己设限了。

这就是我所说的"思维的枷锁"，枷锁会束缚宝贵的自由。一旦思维被套上枷锁，我们想要书写的故事就会变得索然无味，这无疑会让人

---

① 约合人民币 29 万元。——编者注

感到莫名的失望。

　　因此，步骤 1 的目标是打开思维的枷锁，然后思考自己想成为什么样的人。

"想成为的样子" 才会影响当下的行动

　　接下来，我想向各位介绍如何用语言表达"想成为的样子"。在进入正题之前，请允许我先解释一下为什么要明了自己"想成为的样子"，又为什么要学会用语言将其表达出来。

　　比起"过去的经验"，"未来的状态"对当下行动的影响更大。

　　说来奇怪，大部分人认为正是过去的经验造就了当下的自己，觉得是"过去的行为决定了当下的自己"。

　　现在 ◄- **过去**

　　在学校学习期间，老师也总是这样教导我们，他们经常将"每天的努力都不会白费""之前的努力绝对不是无用功"这样的鼓励挂在嘴边，以致我们常常误以为这种想法是正确的。**然而，比起恪守"过去的经验"，畅想"未来的状态"才更有可能影响我们当下的行为。**

　　让我们来简单设想一下。

　　假设在过去 10 年间，有一个人每天都在坚持打棒球。既然已经坚持了 10 年，那么基于过去的经历，他今天应该也会去打棒球。但是如果这个人经过深思熟虑，下定决心将来要成为一名网球运动员，那么他会怎么做呢？恐怕他今天不会再去打棒球，而是去练习打网球了吧。

人大多都是有惰性的——之前做了什么，今天也去做什么。人们总是认为过去的自己深刻地影响着当下的自己，其实不然，应是将来我们想成为什么人的念头在深深地影响着我们当下的行为。

简而言之，决定了"想成为这样的人"以后，意味着同时也决定了当下应该做出什么样的行动。

例如，有人想上东京大学，即便他以前完全不学习，他也会从现在开始拼命用功。又如，有人想成为富翁，成为成功人士，那么他就应该朝着这个目标行动。

用语言表达自己"想成为的样子"

总之，过去的经验不会影响自己当下的行为，但将来"想成为的样子"则会。

当然，这并不意味着过去的经验毫无用处。就上文打棒球的例子而言，如果这个人在过去 10 年间一直坚持打棒球，那么当他决定成为一名优秀的专业网球运动员并为之努力时，他的身体素质和打棒球的经验一定会发挥重要的作用。

如果你对之前从未学习过的人说"学习重在积累，你现在开始学是不是有点晚了？"，那他一定会失去干劲，继而放弃学习。合理的建议应该是："先思考你想成为什么样的人，然后再逆向思考如何改变当下的行为习惯。"

理想的未来

理想中的未来
会影响当下的行为

现在

当然，也有人会觉得"在此之前自己什么都没做，所以是不可能达成目标的"。

从逻辑上来看，"无法改变过去"毋庸置疑。此外，大家也都明白"凡事要趁早，年轻就是最大的资本"的道理。基于以上两点，显而易见，"因为过去没做而后悔"毫无意义，**"规划未来，把握当下，及时行动"才更紧要**。

假设你今年 30 岁，再奋斗 5 年就会有所作为。倘若你能活到 100 岁，那么剩余的人生差不多还有 70 年。但是如果你现在什么都不做，那么你在之后的 70 年间肯定会一直后悔，"早知道 30 岁就开始努力了""40 岁开始好像也来得及"。

所以，请别在意自己"过去什么都没做"。

也许还有人在担心"现在才说要开始行动，怎么看都为时已晚了"，那么请听我再举一个具体的例子。

　　棒球运动员达比修有曾经在接受采访时讲过一个有关他自己的故事，他在参加完某次比赛后感觉"假如再这样下去，我很有可能会被调入二队，必须做点儿什么来改变目前的局面"，据说，他当时感慨"转眼之间，人生已经过去了 20 来年，再一转眼我就 40 岁了"。

　　于是，他设想自己已经 40 岁了，且被球队开除，成了无业游民。如果这时神明突然降临，对他说"你有一次重返 20 岁的机会"，他该怎么办呢？接着，他开始思考"若是神明真的让我回到了 20 年前，我该做点什么呢？"，他得出的答案是"一定要拼了命地努力"。所以一路走来，他一直在努力拼搏。

　　这则故事告诉我们：先用语言表达出将来想成为的样子，再根据其改变目前的习惯。

　　话虽如此，但人们仍面临着"开始行动需要很大的勇气，而且绝大多数人即便付诸行动了，也往往坚持不了多久"的问题。

　　接下来，我来具体介绍如何打开思维的枷锁，让你成为你想要成为的人。

写出 100 个 "10 年后你想成为的样子"

　　我们该如何想象未来的自己呢？

　　我的建议是"写出 100 个 10 年后我们自己想成为的样子，尤其要注意别给自己设限"。

　　我们最好找个咖啡馆之类的安静场所，并留出充足的时间来认真思考这个问题。哪怕当下的思路还不够清晰，也没有关系。我们可以写"拥有一个爱马仕包"，也可以写"如果膝盖不舒服，要去医院"……虽然这些听起来像是"任务"，不过无伤大雅。反正也不会给别人看，所以不怕被人笑话。

只要是自己所期待的事，写什么都行。那么，让我们来写写看吧！

以下问题可供参考，希望能给你带来灵感。

试着写出 100 个 10 年后你想成为的样子：

10 年后你的年收入是多少呢？

10 年后你有多少资产呢？

你想培养什么兴趣呢？

你是否为了保持健康而在坚持锻炼呢？

你喜欢什么样的生活方式呢？

你有十分想要的东西吗？

你有非常想居住的地方吗？

你有特别想去的地方吗？

你觉得每隔多久旅游一次比较合适呢？

你有特别想见的人吗？

你有想体验的活动吗？

你想住在什么样的房子里呢？

你想在什么样的单位工作呢？

你想从事什么样的职业呢？

你想掌握什么样的技能呢？

你想在工作中担任什么样的职位呢？

你想获得什么样的成就呢？

你想获得什么样的社会地位呢？

你想发挥什么样的作用呢？

你有什么想要积累的经验吗？

你想和什么样的人交往呢？

10 年后，你还想继续和现在的恋人在一起吗？

你想结婚吗？

你想要孩子吗？

你想组建什么样的家庭呢？

你希望与家人保持什么样的关系呢？

你想与什么样的人交朋友呢？

你有想加入的组织或团体吗？

你想用自己的时间来做什么呢？

……

你都写出来了吗？

我猜大部分人不会去写，而是直接跳到后面的内容了吧。没关系，大家都一样。在阅读的过程中突然被要求回答问题，大家一般都会想着"先读完再说"，然后便把问题抛之脑后。这也无妨，等你有时间时记得写写看。

我会将所有的任务点都放在每个步骤的末尾，你可以边读边做，也可以读完再做。

大部分人一般写到 30 ~ 50 个就会才思枯竭了，不过我建议大家最好硬着头皮写完 100 个。等我们写完以后，回顾自己写的内容，可能会发现刚开始用心写的内容一般都是无关紧要的，反而是硬着头皮写的内容才更重要。

当然，如果一下子写不出 100 个也没关系，等我们有空时再思考，想到什么再慢慢加上去。随便写什么都行，重要的是好好享受思考的过程。

也可以从"不想成为的样子"入手

有的人实在想不出自己想成为什么样的人，在尝试多次后依然很苦恼。

这时，我们不妨转换思路，**先列出一些"不想成为的样子"，即不好的状态，然后再考虑与它们相反的情况**。

正如思考今天想吃什么也许很难，而思考不想吃什么却相对简单些。至少自己以往不爱吃的东西，今天也不会想吃。

依此，我们能想到很多不想做的事，有多少就先列出多少。例如，"不想明天没钱吃饭""不想每天都在讨厌的上司的手下工作，不想被他训斥"……然后参照这些内容写出相反的情况，这样就可以得到"自己想成为的样子"了。

解除"限制"

虽然我一直在强调"没有限制条件"，但很多人总是会不由自主地自我设限。

有些人会写"年收入达到 1000 万日元"或者"担任目前这家公司的总经理"，其实既然没有限制条件，他们完全可以写"年收入达到 1 亿日元"或者"担任这家公司的董事长"。

那么，为什么他们只写了 1000 万日元呢？因为他们不由自主地在自己的心里拉了一条"这是极限"的限制线，而这就是"思维的枷锁"。

所以，下一步就是要检查我们是否给自己设限了。如果你也认同"这么说来，写年收入达到 1 亿日元岂不是更好"，那就请将此备注在你所写的清单内容的旁边吧！

你可以试试突破自我限制的小诀窍，例如"将数字翻倍"或者"将数字减半"。比如，写了"年收入达到 1000 万日元"之后，你可以试想一下将其改成 2000 万日元是不是更好呢？再比如，你希望一周的工作时间只有 30 小时，那么改成 15 小时是不是更好呢？

需要提醒的是，一定会有人想彻底打开思维的枷锁，譬如"那就以年收入达到 1 兆日元为目标吧"。然而，这种想法过于极端，毫无意义。毕竟根本没有人年收入可以达到 1 兆日元，这是非常不现实的。

"突破限制"的关键不是钻牛角尖，而是**在我们觉得切实可行的范围之内适当地放大理想**。我们应该秉承"这也许会有点难，但只要行动起来，这个目标应该可以实现"的态度，毕竟如果连自己都无法信服，那还有什么意义呢？

在日本，年收入超过 1000 万日元的人占总人口的 4% ~ 5%，所以将其设为目标基本上是行得通的。另外，日本有 2 万人的年收入达到了 1 亿日元，因此这也并非绝对行不通。

如果还有人觉得不可思议，那么请允许我再举一个例子。

截至 2022 年 1 月，在美国加利福尼亚州的旧金山，工程师的平均年薪是 14.3766 万美元，按当时的汇率换算后是 1700 万日元左右。苹果公司软件工程师的平均年薪甚至超过了 2000 万日元（据 indeed 调查），而且仅仅 20 来岁就达到此年收入的人比比皆是。

上述例子表明, 如果精通英语和程序设计, 是有可能实现年收入达到 2000 万日元的目标的。可是, 若是随口说出 1 兆日元这样的天文数字却不知道如何去实现, 这么说本身也没什么意义。

当我们想象自己"想成为的样子"时, 很多人之所以不愿思考或者不抱期待, 是因为他们不由自主地给自己设定了一个不太高的极限。但是! 幻想是免费的, 所以打开思维的枷锁很重要。

随着切实可行的标准不断提高, 我们可以将现阶段的主要任务理解成"将想成为的样子提升到更高的层次——接近理想"。

考虑到目标可以更改, 我们在刚开始时最好尽量避免追求完美。因为大多数人往往追求完美, 却总是在第一次尝试失败后便立马放弃, 所以我建议大家在刚开始时最好降低自己的心理预期, **"有 20 分足矣"**。

如何处理精神创伤和自卑心理

就算被告知"未来想成为的样子才会影响当下的行为", 有些人可能还是会因为精神创伤或自卑心理而无法摆脱过去对自己的影响。

事实上, 我的确遇到过很多类似的咨询, 所以我们先来谈谈如何处理精神创伤和自卑心理吧。

首先, 我们应该认识到精神创伤和自卑的程度决定了我们对其处理的方式。如果是创伤后应激障碍等情形, 那就需要去相关的医疗机构接受治疗, 而当面对"学历不高"等不好克服的自卑心理时, 则需要从事实和解释两方面突破。

例如, "我毕业于某某大学"属于事实, 而"毕业于某某大学不是高学历”则属于对该事实的解释，甚至，“我不聪明”或者“我这个人很差劲”也都属于解释。

所以，我们只需要关注“我毕业于某某大学”这个事实，而把“我不聪明”等视作解释。我们可以试着将这些内容抄到笔记本上。

【事实】

- 我于 2015 年毕业于某某大学。

【解释】

- 我不聪明。
- 我毕业于不太好的学校。
- 我吃了毕业院校的亏。
- 我因为毕业院校被人瞧不起。

如果曾经有人嘲笑你说“你竟然是某某大学的毕业生，你可真笨啊！”，并且这给你造成了很大的心理阴影，那我们还要继续补充如下。

【事实】

- 我于 2015 年毕业于某某大学。
- 曾被某人嘲笑说“你竟然是某某大学的毕业生，你可真笨啊！”

【解释】

- 我不聪明。
- 我毕业于不太好的学校。

- 我吃了毕业院校的亏。

- 我因为毕业院校被人瞧不起。

- 某人觉得我很笨。

虽然"某人觉得我很笨"听起来像是事实，但实际上只是你个人的解释。

因为对方嘲笑的话的确属于事实，但这究竟是不是他的真实想法我们不得而知。也许他曾经被某某大学的毕业生欺负过，所以就对毕业于这所大学的人抱有敌意，因而故意说了有些难听的话。当然，这也有可能只是他的一句玩笑话，只为故意用激将法让你振作起来。

我们不知道别人究竟是怎么想的，因而也不可能了解他的真实想法。所以，我们的第一步就是要厘清事实和解释。

【做此解释的理由】

以"我不聪明"为例。

因为我曾在工作中偶尔理解不了被交代的任务，在阅读深奥的书时经常看不懂以致要来回读好几遍，还有在与大家聊天时偶尔反应很慢以致插不上话……

这样的理由能写多少就写多少，直到我们彻底想不出来为止。

考虑到我们一想起这些不好的状态就会"文思泉涌"，所以请尽可能地多写一点吧。

接着，让我们将笔记本翻到这一页的背面，逐一反驳这几条解释

"我不聪明"的理由。驳斥对方的观点应该是每个人的强项，那就让我们像平常一般，尽情反驳吧！

我告诉大家一个诀窍：反驳时尽量不要使用"我怎样怎样"的说法，而应该将句子的主语改为自己的名字，使其更加客观，可以使用别人对我们的称呼，如"古川怎样怎样"。接下来，让我们实际来写写看。

【反驳】

对"我不聪明"的反驳如下。

关于古川曾在工作中偶尔理解不了被交代的任务，那是因为每个人都有自己理解任务或者问题的方式，因此不能一概而论地认为"古川不聪明"。古川可能需要花时间去琢磨才能正确理解任务，或者他更擅长对图表等内容的理解。

几乎所有的人在阅读深奥的书时都得来回读好几遍，这是因为很多人的知识面并不广。如果阅读的内容是我们之前接触过的知识，那么阅读速度肯定会快一些。所以，古川看不懂深奥的书只是因为他的知识面不广而已，而非其不聪明。换言之，这只是曾经是否接触过相关知识的区别，与聪不聪明没有任何关系。

不同于前两者，与人沟通交流又是另外一回事，毕竟与人交谈时需要快速做出反应，而这与我们是否了解沟通模式和交际礼仪紧密相关。不过，这也并不能说明古川不聪明，因为他只需阅读有关沟通模式和交际礼仪方面的书籍，基本就能与他人正常交谈了。

如上，我们可以尽情反驳，逐个击破对方引以为傲的理论，大可以怎么舒服怎么写，这完全没有问题。

在实践这些步骤的过程中，我们会自然而然地学会从多个角度去分析事实。

虽然我们之前曾一味地认为"我不聪明"，但是经此之后会渐渐地明白也许事实并非如此，也根本无法断言该是如何，相应地，自卑感也便会慢慢减轻了。

深度自卑的人在实践的过程中更有可能打破思维的束缚，最终成为自己想成为的样子。

提升"抽象思维"，向着理想靠近

写完"想成为的样子"，下一步是提升"抽象思维"。

提升"抽象思维"大致是指，进一步从更高的层次思考"我为什么想成为那样的人"。

比如，之所以想要 1 亿日元，其实是想实现财富自由，摆脱金钱上的焦虑；又如，想担任目前这家公司的总经理，其实是因为可以做自己认为正确的事。就像这样，运用抽象思维思考"我为什么想成为那样的人"，可以比较容易地找到更接近自己理想的目标。

认识到这一点后，我们再回来具体谈谈"想成为的样子"。

比如说，从"想实现财富自由，摆脱金钱上的焦虑"的角度来看，也许需要思考"不工作也可以赚到足够多的钱，而不是仅靠工作赚钱"的方法。依此，比起"年收入达到 1 亿日元"，"靠副业也能年入 1 亿日元"这一目标才更接近自己的理想。明白这一点后，我们便可以为自己定制更为具体的"想成为的样子"。

我们当前的任务是"让想成为的样子向着理想靠近"，但是，如果我们对自己"想成为的样子"认识模糊，难以表达清楚，那么可能会导致事倍功半。

认清目标，离实现更近一步

完成上一步后，接着便是"认清目标"了。

认清目标是指，让自己更加清晰地思考"如何才能成为那样的人"。

比如说，想靠副业年入 1 亿日元，假设所持资产的年收益率为 5%，那么需要持有多少资产呢？运用具体数字可以帮助我们更好地思考问题。针对前面这个问题，我们简单计算后可以知道"需要 20 亿日元的资产"。

然后接着思考，我们要想在 10 年后拥有 20 亿日元，则可能需要成立一家公司并长期持有其 50% 的股份，还要努力让该公司拥有超过 40 亿日元的市值。

再举一个例子，据新闻报道，NTT（日本电报电话）公司在美国硅谷招聘研究人员时所给出的最高年薪约为 100 万美元[①]，这是为了在竞争日益激烈的人才招聘大战中不输给以谷歌公司为首的知名跨国企业。所以，如果你英语不错，又是当前炙手可热的技术人员，那么年薪 1 亿日元绝不是梦。

根据财务决算报表的数据，可以推测出在日本即使担任 NTT 的董事或董事长，年收入大概也只能达到 4000 万 ~ 5000 万日元。如此算来，硅谷技术人员的工资可比 NTT 的董事长高得多。

当我们特别想买某个东西时，可以为其制订一个计划。例如，买一个爱马仕包需要 100 万日元，如果每月存 2 万日元，那么需要存 50 个

---

① 按当时汇率计算，相当于 1 亿日元。——编者注

月，也就是存 4 年左右就可以买到它。但是，如果选择买二手包的话，差不多需要 60 万日元，那么只需要存 30 个月就可以买到了。可能买一个 100 万日元的包让我们感觉遥不可及，但是买一个二手包只要每月存 2 万日元，差不多存 30 个月就可以买到，这样对比起来，后者能让我们感受到触手可及的真实感。

此外，**去实际体验，"感受实物到底是怎么样的"也是一个比较有效的方法。**

如果你想要一辆奔驰车，那就去奔驰的 4S 店看看，坐上驾驶位试驾一番，模拟体验买车的感觉；也可以抱着准备买车的心情向店员咨询一些想要了解的问题；还可以为之付诸行动，比如拿一些宣传手册、研究车辆尺寸、在自己家附近查看停车场、调查停车费用等，这些会让我们的感受变得越来越真实。

这样一来，我们想成为的样子也会变得更加清晰了。

希望大家能够明白，这一步骤的目的说到底只是拓展自身知识，以使我们的目标更加清晰。当我们越了解"哪些人的年收入可以达到 1 亿日元，这些人在哪个国家从事什么样的工作"时，就会越明白自己应该怎么做，这才是最重要的。

正如前文的例子，有人高喊"我想年收入达到 1 亿日元！所以我想担任大企业的董事长！我想成为 NTT 的掌门人！"，然而，NTT 掌门人的年收入达不到 1 亿日元。一旦了解到这一信息，当下为实现目标而要采取的行动也会随之发生改变。

在这种情形下，即便我们觉得"我绝对不行"，也是在"如果没有限制条件"的前提下，抱着好像在说梦话的心态去看待的。否则，我们会不由自主地给自己设限——"这在现实生活中肯定做不到"。

总之，只有清楚地知道我们自己想成为什么样的人，才能有效地运用"故事思维"。

随着我们的目标越发清晰，我们离现实也越来越近了。如果什么都模棱两可，那么一切都会停滞不前。目标变清晰，常常意味着我们可以马上行动了。

就前文奔驰车的例子而言，实际上我们可以做很多事，而且还不用花钱。**我们只是在体验自己的幻想变成现实而已，可以将其当作正在享受一件愉快的事。**

在奔驰的 4S 店内试驾后，你可能会萌生"深思熟虑后，感觉奔驰车不太适合我，我更倾向于紧凑一点的车型"的想法，这样也算有所收获。

再举一个例子，如果我们想每年捐款 1 亿日元，那么就从每年捐款 1000 日元开始做起。试过小额捐款后，如果还想继续捐，就以"捐款 1 亿日元"为目标，慢慢地提高捐款的金额。这样即便做不到马上捐款 1 亿日元，也能在力所能及的范围内将金额提高到 1500 日元，进而 2000 日元……

在这个过程中，我们可以眺望到能让自己感到幸福的终点，再一步一个脚印，慢慢地、稳稳地朝着终点迈进。

简单可行但能认清目标的做法有哪些

亲眼看看、亲手摸摸我们自己想要的东西

去 4S 店试驾车辆

去实体店试穿衣服或试戴手表

去实体店亲手摸摸想要的家具或家电

试用名牌香水

试着戴上高端耳机听音乐

去想入住酒店的咖啡厅坐坐

去参观想居住的房子

逛高端超市，想想晚饭的菜单

去实体店体验高端床垫

亲眼看看想养的宠物

去理想的学校或公司附近看看

和心仪的人做一样的训练

调查各类职业的年收入

获得理想收入后，计算一个月的开销并记账

寻找捐款对象

在便利店捐掉所有找零的钱

按梦想中成功人士的日程安排生活一天

收集梦想中成功人士的照片

模仿梦想中成功人士的取景拍照

将欲望分类，并用数字等级来表示程度

为了更清晰地表达自己感到幸福的程度，我们可以将自己的欲望进行分类，并用数字等级来表示程度。

按照如下方法处理，能够进一步了解自己的想法，具体操作起来也非常简单。下面就以我自己的欲望为例写写看。

方法——我们可以用五星等级来表示各欲望的强烈程度，再写清楚"什么能让我兴奋？我对什么不感兴趣？"。

金钱篇

- **金钱**

  欲望指数： ★ ★ ★ ☆ ☆

我对赚钱这件事并不太感兴趣，不过坚持自己的爱好需要金钱支持，所以我也就对金钱有了一定的渴望。

比如，若是我们有"想在《堡垒之夜》中设计自己的游戏角色，并制作成游戏""想给游戏打广告，让其在各大视频平台播放 100 万次"等想法，一旦迈出行动的第一步，就会轻轻松松花掉 100 万日元。

假设开始执行这个想法，我不怎么会计较收益，所以我想有足够多的钱，这样即使亏本了也不用怕。

仔细想来，就我自己来说，内心很少会因为赚到钱而获得成就感。我更喜欢做实验并从实验结果中发现某些我所在意的问题。所以，在这个意义上，我属于"喜欢花钱"的类型。

- **投资**

  欲望指数： ★ ★ ☆ ☆ ☆

虽然平时会正常投资，但我并没有想尽办法投资或者刻意尝试各种投资的干劲。我也不会特意去研究新股上市赚不赚钱，毕竟谁都能获得公开信息，想必我也不可能有什么其他重大发现，所以我真的对此提不起兴趣。

在投资方面，我喜欢在某种程度上有效地运用资金，用最低的成本和风险获得平均收益。

生活篇

- 吃

  欲望指数： ★☆☆☆☆

  我对食物没什么欲望，平常也没有"想吃美食、想吃好东西"之类的想法。如果肚子不饿，我甚至可以什么都不吃。

  不过，我还挺喜欢喝点什么，特别喜欢在环境舒适的地方边喝茶边工作，所以我发现自己对喝的欲望还是挺强烈的。

- 喝

  欲望指数： ★★★★☆

  我喝东西的欲望很强烈，而且最近刚买了一个好看的茶壶，很适合用来喝日本茶。另外，我还喜欢喝工艺可乐。

  至于咖啡，其咖啡因含量太高，所以我现在不怎么喝了，但心里还是喜欢的。不过，其实我对咖啡也没什么讲究。

- 酒

  欲望指数： ★☆☆☆☆

  我已经戒酒了。我以前很爱喝酒，爱上过葡萄酒和日本酒，但喝酒的坏处太多，所以我果断戒酒了。

- **睡觉**

  欲望指数：★★★★★

我单纯想睡觉。我体质很差，所以如果不好好休息，我的身体很容易垮掉。

人际关系篇

- **人际关系**

  欲望指数：★★★★☆

我没有很想和名人交朋友的想法，但我很喜欢听行业翘楚的故事。我喜欢接触形形色色的人，与他们天南地北地聊天。在这个意义上，我对人际关系的欲望还是比较强烈的。

我喜欢与有趣的人交流企划和创意，尤其喜欢企业家。

- **恋爱关系**

  欲望指数：☆☆☆☆☆

我已经结婚了，所以对恋爱完全没有想法。这不是所谓"官方说法"，确实毫无兴趣。

- **表现欲**

  欲望指数：★★☆☆☆

我经常在 X 上发表言论，同样也希望得到很多人的评论，因此我本以为自己有很强的表现欲。但经过认真思考后，我发现这与表现欲还是略有不同的。毕竟我在路上被人搭讪时会吓一跳，上台演讲或接受采访时也会感到紧张。

所以，我貌似没有很想利用自己的影响力或期待让别人认识自己，至于我希望有人评论我在社交媒体上的发言并不属于表现欲，那是另一种类型的欲望了。

- **探索欲**
  欲望指数：★★★★★

我有非常强烈的探索欲。当我产生新想法或发现新规则时，很想到处与人分享，而且非常期待别人的反馈。

在推出某个产品后，我希望可以得到出乎意料且令人惊喜的反馈，因为我期待有新发现，并渴望分享它。

我很喜欢，也很愿意到处与人分享我思考的逻辑、联系或想法、观点，等等。

产品篇

- **车**
  欲望指数：★★☆☆☆

我经常以车为代步工具，但几乎没有想开法拉利或保时捷的欲望。总之，目前我对豪车不怎么感兴趣。

我觉得代步车只需舒适即可，所以也就没有什么特别想买的车了。

- **房子**

  欲望指数：★★★☆☆

我原本以为自己并不渴求住进漂亮房子里，但是我逐渐发现宽敞舒适、绿化宜人的居住空间非常重要，因为环境与创作息息相关。

- **手表**

  欲望指数：★★★★★

我一直非常喜欢名牌手表，对其抱有极大的兴趣，我还经常阅读相关杂志。

但我并不喜欢戴上昂贵的手表来装腔作势，也不喜欢因为戴上名牌手表而被人搭讪或被人问起，我只是喜欢寻找自己中意的手表设计而已。

具体来说，我也不是对机械手表的机芯极感兴趣，或许只是纯粹喜欢它的设计而已，因为工业设计与首饰设计奇妙碰撞后所擦出的火花让我很是心动。

不过，喜欢名牌手表一般被看作暴发户的爱好，所以我鲜少提及此事。

- **其他物件**

  欲望指数：★★★★★

我崇尚"好东西用一辈子"的生活方式，所以挖掘这样的好东西也是我的爱好之一。

我有一个已经用了相当久的指甲剪，我觉得它可以用一辈子。前文中提到过，我最近在淘茶壶和茶杯。

总之，我非常喜欢"工具"，喜欢寻找耐用的椅子、桌子、包等物件。

我买东西倾向于耐用，而非华而不实。即便维护这些耐用的物件需要花费时间和金钱，我也会坚持使用它们。相比于一直买新品，我更喜欢常用常爱惜老物件。

前文中提到的手表差不多也属于这类。我买手表一般有个前提条件——50 年后依然可以使用。

不过我没有什么收集的欲望，完全不会萌生"想要很多双名牌运动鞋"之类的想法。我更向往类似"这个包已经用了 20 年了"或者"这台照相机已经用了 30 年了"的生活方式。

如上所述，我将自己的欲望进行了分类并逐一具体分析。分析完之后，我才发现原来自己对美食和美酒都不太感兴趣，但对其他的饮品倒是饶有兴趣。

提高舒适区的标准

读到这里，"想成为的样子"是不是越来越清晰了呢？

接下来，让我们来了解一下"舒适区"，我们可以将其理解为"心理上没有压力的状态"或者"自己感到舒适的状态"。

我在前文中提到"在思考自己想成为的样子时不要设限"，成功励志书也经常提出类似的观点，比如"做人要有野心""目标要定得高远""人要有远大的志向"等。

听完这些励志的话语，我们决定胸怀大志，定下"勇争世界第一"的目标，但有时也会感到无能为力。之所以会造成这样的局面，原因有二，一是目标不够清晰，二是受我们自己的舒适区影响。

人很容易安于现状。与其越出常规使自己陷于危险之中，不如维持现状来得更加安全。

如果一个人的体重是 60 千克，这就是他平常的状态。假设他打算减重 5 千克，那么他的大脑通常会发出"60 千克的体重也很不错，还是继续保持吧"的信号，这是因为动物在潜意识里往往讨厌做出改变。所以我们可以反其道而行之。

如果我们认为"我的年收入要达到 1000 万日元才正常"，那么哪怕年收入已经达到了 800 万日元，我们依然会觉得"不行！这还完全不够"；如果我们认为"闻名世界"才正常，则会觉得"只在东亚的一个国家出名，这是绝对不行的"。

像这样不断提高我们的舒适区的门槛，我们对事物的看法也会自然而然得到升华。

至于如何扩大我们的舒适区，其实可以直接使用"认清目标"的方法。我们应该**逐渐认清目标，以至我们的大脑将理想误认为是现实，舒适区才会随之变动**。

为了便于大家理解，我再举一个我自己的例子。我在 19 岁时决定参加高考，目标是考取早稻田大学。因为早稻田大学校风良好，偏差值[①] 又在私立文科大学中排名第一，而我当时就想考排名第一的私立大学。

可是我当时的成绩很差，根本考不上早稻田大学，所以我一直苦思冥想自己该怎么办。最终，我想到的办法就是把自己当成早稻田大学的学生。

[①] 在日本，偏差值是一个衡量学生学术能力或学校教育水平的指标。——编者注

接着，我阅读了大量的各大补习班的高考备考心得，深入了解了那些成功考上理想大学的人是怎么学习的，他们的备考生活又是什么样的。然后，我自己动手写了数次备考心得，而且每次都写得非常详细，就像真的已经考上了早稻田大学似的，例如"我是这样学习的，我的备考生活是这样的，考试的时候要这样做，最终就成功考上了"。老实说，我的模拟心得写得非常不错，甚至可以直接用作真正的高考备考心得。

前文中我也提过，我创建了一个面向高考生的社交网站，并在网站上发表了一个标题为"我是早稻田大学的学生，有问题可以尽情提问"的帖子，还一一回复了网友们的留言。

由于互联网是匿名的，所以没人怀疑过我到底是不是早稻田大学的学生。他们在留言区提出了各式各样的问题，我也尽己所能地给予答复，比如说"我认为这个学习方法不错""建议做好这样的思想准备""英语考试中常常会出现这样的题目，最好提前想好对策"等。

我甚至专门去了早稻田大学，若无其事地在校园中散步。于是，我的大脑真的开始以为自己是货真价实的早稻田大学的学生了。准确地说，我那时的所有行为明明都是大学生的行为，但我的内心很忐忑，因为如果高考时名落孙山，我将会被剥夺"大学生"这个身份。

相比得到，人往往更害怕失去。我的大脑已经把自己当成真正的早稻田大学的学生了，所以可能考不上早稻田大学的情况会持续让我感到不安，这就逼着我要努力学习。

总而言之，想要扩大舒适区，最重要的是认清目标，将理想当作现实。因为对于那些想象不到的目标，人们往往很难着手行动，所以请务必参考此方法。

目标清单无须十全十美

现在，我们多多少少可以想象出"想成为的样子"了吧。

在这一环节我想告诉大家的是，**"不用一开始就列出一张十全十美的目标清单"**。我们就当以后还需要列一百次清单，而这只是一百次中的第一次而已。

我们可以借助"老鼠实验"的例子来理解这一点。

池谷裕二所著的《快乐至上的大脑》一书中提到了一个实验——把老鼠放入错综复杂的迷宫中，看它需要花费多长时间才能找到最短的路线。一般来说，只要经过几天的摸索，老鼠就会找到最短的路线。有趣的是，老鼠和老鼠之间存在着很大的个体差异。

有些老鼠需要花 20 天才能找到最短的路线，但也有些老鼠只花了 3 天就找到了。那这些老鼠之间的差距是因何产生的呢？

简而言之，这是因为"被放入迷宫以后，它们在前两天所经历的失败次数不同"。换言之，在学习的最初阶段走了多少弯路，是决胜的关键。

常言道，失败是成功之母。**或许也可以说，"在学习的最初阶段，走的弯路越多，就越有可能成功"。**

类似的例子还有"棉花糖挑战"。

这项挑战的规则是"四人一组，在规定的时间内用 20 根意面、90 厘米的胶带和 90 厘米的绳子搭建一座意面塔，再将棉花糖放在塔顶，最终塔高最高的小组获胜"。据说相比于精心制订战略并执行的 MBA （工商管理硕士）学生、律师和顾问，敢于进行各种各样尝试的幼儿园小朋友的成绩更优异。

这也是一种"敢于尝试才能取得成果"的模式。

即使被劝告"尝试次数很关键""失败很重要"，有些人可能也摸不着头脑。但只要明白"在学习的最初阶段，走的弯路越多，就越有可能成功"的道理，我们便会转变观念，多加尝试，不怕出错。这对于我们来说是一个不错的办法。

在前行的过程中，我们一旦懈怠，就会不想做"无用功"，转而去寻求所谓高明的方法。但是在"列出自己想成为的样子"这个环节，如果我们打算从一开始就设定令自己满意的完美目标，并试图以此改变人生轨迹，注定是不可能完成的。

我们应该认识到"我们今后还要修改目标清单很多次，刚开始多去试错对未来大有好处，所以要多去尝试不同的目标"。

摆脱无用功才是无用功

有的人会习惯性地"不想做无用功""想要小聪明"，以下内容正适用于有这类想法的人群。我想告诉大家，"绝大多数人对自己的职业没有规划，也不可能完美按照自己所规划的发展"。

我在网上有时也会看到类似"随着年龄增长，过去付出的努力总会获得回报，就像收回伏笔的感觉，努力是不会白费的"的观点。

但是，**所谓伏笔回收，几乎都只是结果论而已。**

当然，我们可以预测一下几年后的结果，比如，当我们决定学习英语以便去国外工作时，当下是可以预见未来在国外工作的结果的，但可能也会有"因为经济不景气而被裁员，进而拿不到签证而不得不回到日本"的结局，这是无法预见的。

一方面，我们应该认识到，"在自己的人生中有目的性地埋下伏笔，未来再有意地收回该伏笔"几乎是不可能的。

另一方面，我们的人生中有时的确会有"收回伏笔"的感觉。

就拿我自己来说，我在小学和初中时期一直在看漫画，这段经历在我与出版社合作时发挥了巨大的作用。此外，我在学生时期沉迷于网络一事，对我从事互联网相关的工作也有帮助。甚至还有在工作中的各种努力，包括脚踏实地的工作态度在内，这些几乎都对我的当下仍有助益，所以我从来不觉得"努力都是白费的"。

我个人认为，有的努力会白费，有的则不会。只不过，技能和知识所发挥的作用比我们想象中的更大，在它们的帮衬下，我们一般都会感觉努力不会白费。

那有什么好的方法呢？我认为可以"多埋伏笔"。因为**只要埋的伏笔足够多，总有某一处可以被收回来**。

如果能意识到"最好埋下那些可以被收回的伏笔"，那就更好了。

拿前文中的例子来说，如果我们的英语很好，加上有在海外工作的经验，那么就算我们回到了国内，也有可能受到外企的器重，或者深受外贸公司的青睐。也就是说，我们回国后也很有可能找到不错的工作。

换言之，迫不得已回到国内并不意味着之前的努力都白费了。

人们往往都极力避免做无用功，也许是因为近几年大家都特别重视性价比，所以才会有那么多人讨厌一直做无用功。

如果因此一直愁眉不展，最终也没付诸行动，每天都在虚度光阴，那么终将陷入"连因偶然而收回的伏笔都没有"的境地。

"烦恼而不行动"，虽然给人的感觉好像是并没有什么损失，但这个行为本身的风险就相当高。

跳槽和创业有时也一样，"打算创业却迟迟不敢行动"，其实就是"积极地选择留在现在的公司工作"。

这就好比"明明想成为棒球运动员，却一直在练习打网球"。

"我们在烦恼如何才能过上高性价比的生活时，迟迟没有任何行动"，这其实也是"积极地维持烦恼的状态"。

至于为什么我们时常会做出如此矛盾的行为，那是因为人往往存在"安于现状偏差"——在内心深处，我们总是想要维持现状，害怕出现新事物或发生任何改变。因此，即便现在的行为的风险已经非常高了，我们也会误以为"改变现在的行为"的风险会更高。

时间本就是人生中最宝贵的资源，时机转瞬即逝。很多人因为错过了创业的最佳时机，便一直迈不出创业的第一步。也有很多人相信"只要现在行动起来，结果就不一样了"，然而他们只是有一次没有付诸行动，结果就事与愿违了。

总之，希望那些"因为不想做无用功，就思考怎么耍小聪明，结果几乎没有付诸行动"的人能够意识到，他们正在进行的行为实际上非常极端，而且风险也相当地高。

预测未来总是不准的

在不想做无用功的人中，有很多人企图通过预测未来，来选择对自己有利的行为。

人天生就很爱预测今后可能会发生的事情，而且一旦猜中，就会产生快感。

无论是回顾人类发展史，还是重温自己短暂的人生经历，我都会由衷感叹"世事难料"。也就是说，即便我们**想通过预测未来，来选择对自己有利的行为，也很难如愿。**

大概在 2019 年，我曾和一群聪明绝顶的人一起讨论"未来会变成什么样子"。

他们都非常睿智，以"未来虽难以预测，但 2020 年的奥运会已经确定，政治体制应该也不会改变"作为前提条件，对未来的社会、政治和经济展开了激烈的讨论。

尽管他们分析起来头头是道，让我在听的时候佩服不已，但结果令人大为意外。

就像投资，比如我经常进行的天使投资，即对初创企业进行投资，结果也完全是未知数。决定投资的标准各式各样，例如董事长特别优秀、董事长是知名企业出身、公司业务已经起步并开始销售产品、市场有吸引力，等等。然而，投资过几次后你会发现，完全预料不到最终结果，基本上全凭运气。

比如说，非常优秀的某董事长突然遭遇变故以致无法继续工作，或者超大规模企业突然也进军相同领域，又或者很多人都不看好的市场反而逆势上涨……说实话，真的是世事难料。

其实，董事长的性格不论是乐观的还是悲观的，是善于借力型还是单打独斗型，都对最终结果影响不大。

当然，从统计的角度来看，也许可以科学地分析出"这种类型的人更合适""那种类型的公司会发展更好"，但我只认同"未来无法预测"。

同样，谁都无法预料日本的未来。最近，绝大部分人对日本的未来持悲观态度，我也是其中的一员，至于结果怎样，我们不得而知。

在 150 ~ 200 年前的日本，人们还梳着月代头 ①。但也是从那时起，日本人开始坐立不安，后通过明治维新而奋起直追欧美各国。

之后，日本也学着其他列强大肆侵略他国，最终在第二次世界大战中战败，宣布无条件投降，日本国内因此一片萧条。随后，日本迈进了经济高速发展期。再之后，经济泡沫破灭，日本陷入了"失落的 30 年"。到了现阶段，日本出现了老龄化与少子化加剧、经济发展缓慢、财政状况令人不安等一系列问题。就在这短短三五十年间，社会发生了非常剧烈的变动。

所以，在今后的 30 年中，日本很可能还会出现重大的社会变革，所有状况发生翻天覆地的变化。

那时的日本也许会与现在完全不同：可能会经济严重衰退，治安状况不断恶化；可能会放宽移民政策，以便吸引大量外国人移民日本，于是日本又成为有经济活力的国度；可能会随着翻译机器的不断改进，原本因语言受限的日本突然打进全球市场；可能会因为技术革新，大部分老年人可以继续工作了，于是涌现了大量的劳动力……诸如此类，一切皆有可能。

因此，即便预测了"未来会变成什么样"再付诸行动，也很有可能有意料之外的事件发生。我们终究只能通过分散风险来避免"全军覆没"。

关键在于，我们要深信"自己的时代要来了"，抱着这种信念去尝试，即便失败也不要怨天尤人或感叹自己运势不佳。此外，即便预测成功，也要明白这全凭运气，不要自以为是地觉得"自己拥有预测未来的能力"。

---

① 月代头是古日本武士的发型，特点是剃光头顶中部，周围留发，名字源于形似月亮，既是身份象征，也有实用价值，如稳固头盔、降温。——编者注

有远大目标的人应该懂得量身定制梦想

经常有人问我"如何才能明确知道自己想做什么？如何让自己拥有远大梦想或目标？"。

我身边有许多拥有远大梦想或目标的企业家，说起他们的共同点，也许会让你感到意外——他们会毫不犹豫地调整自己原先设定的梦想或目标。

人们通常认为"厉害的人自年轻时就非常清楚自己的梦想或野心或志向，然后一直朝着目标努力奋斗"，而且以为"他们的梦想始终未变"。

事实上，"从年轻时期起就有坚定的梦想或目标，并且毫不动摇地为之奋斗"的人是相当罕见的，所以我认为我们大多数人不应该照葫芦画瓢。

况且在这类人中，获得成功的人更是少之甚少。有相当多的人一直坚持追求年轻时期的梦想或目标，最终却难成大器，我们只是没关注到他们而已。

可以说，朝着远大梦想或目标努力奋斗的人基本上都会不停地调整自己要做的事，并将最合适最有可能成功的那件事定作"梦想"。

如果有人立志要在足球界做到世界第一，接着转头就说要去打网球，最后又说要去打篮球，那么他肯定会被贴上"那个家伙没有自我"或"做事总是三分钟热度"的负面标签。

但是，"最初设定的梦想或目标是最正确的，也是最适合自己的，最后还成功了"堪称奇迹，所以我不太建议大家以此为目标。

我身边经常也有人宣称"我要在某领域做到第一"，结果他在几个月后却做了完全不同的事。如果他做这件事顺利得超乎预期，于是坚定了这个梦想，坚持了很长时间并最终大获成功，那么会被人称赞"那个人竟然能坚持自己的梦想和信念，真是太厉害了"。

事实上，没有人会去关心一个无名之辈有什么样的梦想或目标。假设某人身边有 100 个朋友觉得"那个家伙做事总是三分钟热度"，但是一旦他获得成功，那之后认识他的人就会增至 100 个人的几百倍，所以根本没人会在意之前的人们是怎么评价他的。

孙正义也是从立志"我要做一件大事"开始努力奋斗的。所以说，在思考自己想成为什么样的人时，没有必要过于逞强。

每个年龄段要做不同的事

读到这里，大家都完成了自己的目标清单吗？容我赘言，这份清单会在今后几年之内不断更新，所以此刻不必追求完美，这点请大家牢记。

这时可能又会出现另一个问题，即"在不断更新的过程中，时间也会慢慢流逝，我们不知道该如何继续行动，因而又会陷入焦虑"。所以，在步骤 1 的最后，我来介绍几种方法，以解决"不知道自己想成为什么样的人"这个问题。

"想成为什么样的人"这个问题并不是很快就能得到答案的。所以我建议，**当我们感到迷茫时，可以采用"视年龄而定"的办法**。

在 1978 年出版的胁田保所著的《卓越人生的艺术：VSOP 人才修炼手册》一书中，作者提到了"职业生涯的 VSOP"理论，可简单概括为以下四点：

20 岁年龄段：变化（V）——多尝试；

30 岁年龄段：专业（S）——深耕专业；

40 岁年龄段：创意（O）——让人感受到你独有的特色；

50 岁年龄段：人格（P）——让人想与你合作。

当我们无法确定自己想成为什么样的人时，行动时可以参照"职业生涯的 VSOP"理论。

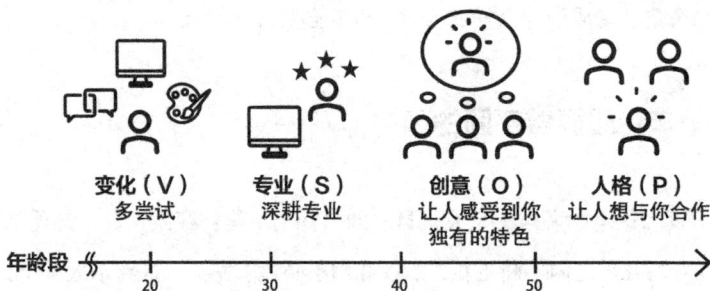

变化（V）   专业（S）   创意（O）   人格（P）
多尝试   深耕专业   让人感受到你   让人想与你合作
                      独有的特色

年龄段
        20   30   40   50

"有的人明明才 20 来岁，却以其他年龄段的规划为目标"，这种情况其实很常见。比如在这个理论中，"想做出自己的特色"属于 40 岁年龄段应该考虑的问题。

根据"职业生涯的 VSOP"理论，在 20 岁这个年龄段就应该多尝试，积累丰富的经验，这才是"正确的努力"。因为，在多数情况下，如果我们不去尝试，就无法发现自己适合做什么、需要什么。

我个人认为求职简历中的"自我评价"其实没什么意义。以我自己为例，我讨厌引人注目，也不喜欢抛头露面，与别人交谈时更是很容易紧张，完全不像是当董事长或做领导的料。

然而，现在的我已经创业并当了董事长，也经常发表演讲和接受采访。我常常在公开场合讲话，因此才发现自己其实并不讨厌这个。此外，我还发现自己特别擅长给人讲解某事。

如果在 20 来岁时就做出判断，我会认为"自己性格内向，没办法在公开场合发表讲话，也不想当什么领导，这些怎么看都不适合自己，所以还是就此放弃吧"。

但是，20 来岁的我们充其量还只是学生，或者才工作没几年而已，这样的我们仅靠一点点经验是没办法做出正确判断的。所以，我非常赞同**"在 20 岁这个年龄段还是得多尝试"**这一观点。

等到快要迈入 30 岁时，再决定"差不多可以选择在这个领域努力了"。

到那时，我们可以决定从事网络营销，也可以决定成为精通经营战略的人。在 30 岁这个年龄段，就得努力成为"某个领域的专家"。

如果想在 30 岁这个年龄段成为很专业的人，那么在 20 岁这个年龄段就必须得多做尝试。就好比明明还没游过泳，怎么可能知道自己是否适合游泳、是否喜欢游泳？

我们经常会听到"将自己的名字变成竞争资本"的建议，但事实上很少人可以做到，所以不要勉强自己。我们只需要努力，当将来有人需要"网络营销专家"时，自己也能名列其中就足够了。

在 30 岁这个年龄段，我们只需深耕专业。等迈入 40 岁以后，再努力将自己的名字变成竞争资本即可。

恐怕得等到 35 岁到 40 岁，我们才可以相对容易地找到自己想做的事并专心做好这一件事，进而建立自己独有的工作风格。

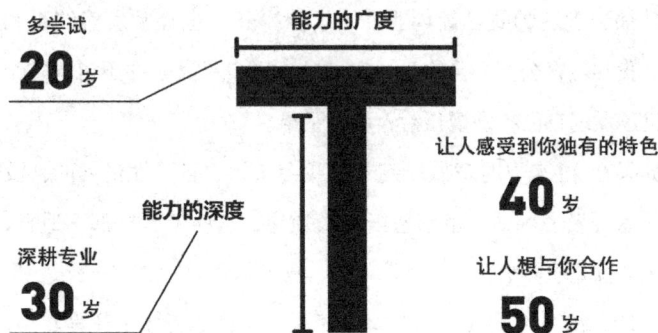

多尝试
20岁

能力的广度

能力的深度

深耕专业
30岁

让人感受到你独有的特色
40岁

让人想与你合作
50岁

总而言之，大致的流程就是"先多去尝试，然后不断地提升自己的专业能力，接着找到自己想做的事并专心做好一件事，进而形成自己独有的特色"。

接下来，我想和大家分享我自己的故事。

我在 30 多岁时接触到了"职业生涯的 VSOP"这一理论，巧合的是，我从 20 来岁开始就自然而然地坚持着"尝试做各种各样的事情"，甚至都没有被"一定要从事互联网行业"这样的想法束缚住。我也一直坚信"不去尝试就没有结论"。

迈入 30 岁以后，我接触到了"职业生涯的 VSOP"，也是从那时起，我才开始有意识地规划自己的职业。然后在 30 岁这个年龄段，我为"成为社交媒体专家，变得擅长在公开场合介绍社交媒体"这一目标而努力，深入挖掘相关的知识和经验。

我主要是想成为网络上提供社交媒体客户服务并能够介绍服务内容的专家。我在深耕以上专业的同时，还广泛涉猎网络营销、互联网公司的经营等相关知识，就像上图中的英文字母 T 那样，从深度和广度上打磨自己的能力。

　　迈入 35 岁之后，就要开始为实现 40 岁的目标做准备了。差不多到这个时候，就要逐渐形成自己的特色了。

　　比如，我非常喜欢以漫画为代表的日本亚文化和创作它们的创作者，所以我想建立一家为创作者提供支持的公司，并将自己专业的媒体或社交知识作为武器，发挥其优势。

　　综上所述，根据年龄段来决定我们需要付出什么样的努力，并且一心一意地付出，最后应该就不会徒劳无功了。

　　另外，我认为用 20 岁、30 岁、40 岁来划分年龄段毫无逻辑可言，纯粹是为了方便记忆，所以这点可以视个人情况做适当调整。

　　洋洋洒洒写了很多，其实步骤 1 主要想表达的内容很简单，即"**打开思维的枷锁，展开想象，不给自己想成为的样子设限**"。

　　一旦给自己设限，即便在所限制的范围内自由活动，也是非常索然无味的。打开思维的枷锁，天马行空地想象自己想成为的样子，这才是创作自己人生故事的第一步。所以，请务必试着列出自己的目标清单吧！

小结

　　你想象出自己"想成为的样子"了吗？

　　再次提醒大家，影响你当下行为的不是过去的你，而是你对"未来想成为什么样的人"的思考。

　　总之，要打开"思维的枷锁"，畅想自己理想的状态。

　　下个步骤将对"如何塑造角色"进行讲解，让我们来选择对于我们人生故事发展来说至关重要的"角色形象"吧！

［任务表 ①］
写出 100 个 "10 年后你想成为的样子"

_____   _____
_____   _____
_____   _____
_____   _____
_____   _____
_____   _____
_____   _____
_____   _____
_____   _____
_____   _____
_____   _____
_____   _____
_____   _____
_____   _____
_____   _____
_____   _____
_____   _____
_____   _____
_____   _____
_____   _____
_____   _____
_____   _____
_____   _____
_____   _____
_____   _____

_____   _____
_____   _____
_____   _____
_____   _____
_____   _____
_____   _____
_____   _____
_____   _____
_____   _____
_____   _____
_____   _____
_____   _____
_____   _____
_____   _____
_____   _____
_____   _____
_____   _____
_____   _____
_____   _____
_____   _____
_____   _____

[任务表 ②]

事实

_____

_____

_____

_____

_____

如果有精神创伤，也可以试着写出来

自己对事实做出解释

_____

_____

_____

_____

_____

［任务表 ③］

做此解释的理由

_____

_____

_____

_____

_____

反驳

_____

_____

_____

_____

_____

[任务表 ④]

○○篇
关于○○

让我感到兴奋?

_____

_____

_____

_____

欲望指数
☆ ☆ ☆ ☆ ☆

你对什么感兴趣?

_____

_____

_____

_____

步骤 2

升级

塑造角色

为什么最好一开始就塑造角色

步骤 1 可以说是热身运动，接下来让我们进入正题吧！

步骤 2 的任务是"塑造自己的角色"，这也是本书最关键的部分。"刻画角色的形象、描述角色的动作"是讲故事的基本要素，因此在运用故事思维时，也需要塑造角色。

也许你会感到困惑，"什么？这明明是我自己的人生，为什么还得给我自己选择角色呢？"。接下来，就由我来解释这个疑问。

大多数人会感觉这个行为纯属多此一举，因为他们认为"已经存在我这个人了，并且是我在行动"。事实上，**思考"如果想要接近最想成为的样子，什么样的角色效果最佳？"可以让我们更轻松。**

在美国作家詹姆斯·克利尔所著的《掌控习惯：如何养成好习惯并戒除坏习惯》一书中，有一节提到了"行为的改变一般有 3 个层次，它们分别是改变结果、改变过程和改变身份"。

很多人想要改变某个习惯时，很容易会遵循"认真执行，取得成果→如果成功，就会认为自己就是这样的人"的模式。

比如说减肥，如果有人计划"我要瘦 5 千克，所以接下来打算节食和运动"并付诸行动。如果他成功瘦了下来，就会认为"自己已经瘦了"。然而，也有相当一部分人是以"怎么减肥都没瘦下来，糟糕透了"的结果告终。

的确，结果是非常残酷的，它一般有两种特质：

不会马上取得好结果（迟）；

无法轻易取得好结果（难）。

开始减肥的第 2 天不可能马上瘦 5 千克，立刻变得苗条。刚开始学英语也不可能马上就能说得流利。

因此，减肥很容易失败，学习英语也很难坚持。很多人想养成好习惯，却总是被挫折轻轻松松地打败。

事实上，这是因为执行的"模式"出错了，我们第一步应该考虑的是"选定自己的角色（即身份）"。换言之，按照"认清自己是什么样的性格→思考这种性格应该怎样处理，然后执行→得出结果"的模式执行才更合适我们。

说到这，大家可能还是会感到一头雾水，那么我来稍作解释。

比如说，假设有人为了健康打算戒酒，那么戒酒成功的秘诀就在于不要去做有关"戒酒"的行为。

也就是说，**与其认为自己正在戒酒，不如将自己当成"不喝酒的人"**。一旦认定自己是不喝酒的人，那么在参加聚会时就会以"我喝不了酒"主动拒绝劝酒，也不会在便利店的酒水区停留片刻。

认清自己是这种性格

思考这种性格可能会做出的处理，然后执行

得出结果

只要认定自己就是不喝酒的人，行为就会改变。一旦行为改变，结果也会随之改变。

如果认为自己正在戒酒，就很容易会冒出"就今天破例一次"或"我也努力过了，差不多就放弃吧"的想法。而且，身体不可能在戒酒初期就马上健康起来，所以自己还可能会自说自话，认为"喝不喝酒对身体也没什么区别，还是继续喝吧"。

如果先考虑结果或目标再试图改变过程，当得不到所期望的结果时，便会放弃过程本身。

因此，我们最先需要考虑的是角色。选定角色后再思考过程，这样一来，即便不能马上得到结果，过程也不会就此终止了。

容我赘言，**"持续维持良好的过程"** 显然更重要。

如果我们认为自己现在正在减肥，那么一旦瘦下来，我们就会觉得减肥到此结束了，又会重新变回原来的生活习惯，甚至还有可能会因为减肥两周都没有成效而感到厌烦。

"我是像专业运动员一样的角色，不吃零食，定期运动"，当我们认清自己的角色后，只要做符合这个角色的行为，就可以保持健康饮食和运动了。

我的性格也改变了

我原本并不活泼，还非常胆小。学生时代的我特别内向，在课堂上都不敢发言，参加社团活动也没坚持多久。而且，我的运动和学习都很差劲，成绩总是处于下游。

不过，现在的我担任董事长已经超过 10 年了，经常在公开场合发表讲话，还开过很多场讲座。我一直在冒着风险创业，每当回忆起学生时代，我都无法想象自己会变成如今这样。我曾经给自己定下的目标是"做一名公司职员"，那时完全没有想当董事长或做领导的欲望。

而如今，我成了一个"自己创业，遇到困难仍然继续挑战，不轻言放弃"的人。为什么我会有如此的改变呢？在我看来，**其原因在于我在潜移默化中认定了自己就是那样的人**。其实，这也是非常偶然的。

在大学时期，我与西村博之关系很好，他是当时日本规模最大的论坛网站 2ch（二频道）的创始人。之后，我意外成了这家公司的董事长，好像是因为西村博之觉得当董事长很麻烦，所以想找个人替代他。

再后来，这家公司的业务被当时一家名为"Livedoor"（活力门）的公司收购了。Livedoor 由堀江贵文创立，之后逐渐发展成了一家赫赫有名的大公司。于是，外界盛传"一家由大学生担任董事长的公司竟然被堀江贵文收购了"，而当时还是学生的我也因此被冠上了"大学生企业家"的头衔。

我一毕业就进入了知名人力资源公司 Recruit 集团。因为 Recruit 喜欢招募从大学时期就开始不断挑战自我的人，所以天降福运的我幸运地入职了。这家公司的员工通常不做被安排的工作，而是做自己想做的事，做那些可以改变社会的事，甚至半数的人一般会在工作几年后辞职，不是跳槽就是自己创业。

因此，我也抱着要不创业试试看的想法，在 20 岁这个年龄段的后半段选择了再次创业。我辞职时，都还没想好要创立什么类型的公司。

后来，我与时任雅虎日本董事长同时也是天使投资人的小泽隆生聊天时，他提议说可以试着做类似维基百科那样的网站，于是我便着手创立这种类型的公司。

接下来，为了扩大公司规模，我接受了风险投资，想着"既然接受了融资，那么这家公司就必须发展成为 1000 亿日元规模的企业"，我为此一直在奋斗。最后，公司被 KDDI（日本的电信运营商）收购了。

一路走来，甚至连我自己都有一种"总是被别人推着往前走"的感觉。然而，在不断前进的过程中，别人会觉得"他从大学时期就经常创业，是天生的企业家"。最终，连我自己也会深信不疑地认定"我是一名企业家，无论面对什么困难，我都会迎难而上"。

于是我继续创业，因为持续创业就是我的工作。

客观地来说，我已经脱离了自己原有的角色形象，将自己打造成了一个"不怕失败、敢于挑战，为改变社会而努力奋斗"的角色。

而现在，我每天都在做这一类人会去做的事。

在本书中，我最想强调的是"塑造自己的角色，从而改变自己的行为"。

"我倒是无所谓，但 YAZAWA 会怎么想呢？"

关于塑造角色的经典案例，不妨来聊聊日本知名艺术家矢泽永吉。

想必很多人都听说过他，大家对他的印象一般是"一个很摇滚、粗鲁、帅气、坏坏的人"。

矢泽有句名言："我倒是无所谓，但 YAZAWA 会怎么想呢？"我怀着好奇心仔细查了查，无法确认这句话究竟是否出自他本人。坊间流传着一个趣闻，据说工作人员犯错时，他都会说一句"我倒是无所谓，但 YAZAWA 应该会说不行吧"，传闻传得煞有其事，实际上也不知真假。如果这是真事，它的确非常像矢泽永吉会说的话。

也有人会觉得"话说你就是 YAZAWA 啊，那样说会不会有点讨人嫌呢"。不过，如果矢泽永吉真的说过这句话，那应该是发自内心的。

"矢泽永吉本人"和"扮演的角色 YAZAWA"是不同的。

（后文会将矢泽永吉本人称作"矢泽永吉"，将扮演矢泽永吉的角色称作"YAZAWA"。）

关键在于 YAZAWA 是由矢泽永吉打造出来的，但两者的性格迥然不同。从某种意义上来说，YAZAWA 只是一个产品。

别人会透过你的行为判断你的"性格"

比如说，矢泽永吉会认为"住酒店订个普通房就够了，只不过睡个觉而已"，YAZAWA 却觉得"住套房很重要"。

比起"本人的真实想法"，这里更需要站在"顾客对 YAZAWA 这个商品有着什么样的期待"的视角上思考。前文中的顾客是指"别人在期待什么"，这点至关重要。

YAZAWA 是大明星，如果大明星说出"在哪儿睡觉都一样"的话，会让粉丝的期待落空。毕竟若让他本人按自己的真实想法行动，会导致 YAZAWA 的商业价值大打折扣。所以他才会说"我倒是无所谓，但 YAZAWA 会怎么想呢？"。

在这个案例中，矢泽永吉和他的工作人员是共同打造"YAZAWA 这个商品"的工作伙伴。因此，与其说工作人员请示矢泽永吉的意见，不如说他们必须与矢泽永吉站在同一立场去思考如何打造 YAZAWA。

所以开头这句"我倒是无所谓，但 YAZAWA 会怎么想呢？"应该是矢泽永吉说的。

在糸井重里创办的网站 Hobonichi 上，有一篇关于矢泽永吉的采访，文中多处提到"还是得客观地看待 YAZAWA 这个角色"。简而言之，矢泽永吉也承认自己在扮演着 YAZAWA 这一角色。

比如下列这组对话。

矢泽：只有我能受得了矢泽永吉。

糸井：嗯。

矢泽：这滋味可不好受哦！

糸井：（笑）

矢泽：这可不是开玩笑哦！我失去了很多，也受了不少委屈。但每个行业或者每个人都有烦心事，也都有不开心的体验，只不过是烦恼的程度和对象不同而已。重要的是要怎么让自己看得开，往好的方面想。我感觉大家都是这样活着的。

糸井：是的。

矢泽：从这个意义上来说，我最近想通了，决定要开心地当"矢泽"，毕竟我曾经有好几次都想放弃了。

糸井：我感觉你是要把对"矢泽"的排斥化作力量了。

矢泽：没错，就是这种感觉。既是力量，也是坚持，但是偶尔还是会对"矢泽"发脾气。

矢泽永吉兢兢业业地扮演着自己所塑造的角色，我认为这个案例非常有意义。

什么是角色

接下来进入正题，即我们应该如何塑造角色呢？

如果你认为自己只不过是塑造角色而已，就脱口而出"我懂了！那我要变成性格开朗、做事果断的人"，这样随随便便就做了决定可没有多大用处。

因此，请先听我解释"什么是角色"。

"角色"这个词大致有两层意思，一是"性格"，二是"小说和漫画等作品中的人物"。在运用故事思维时，先要把自己塑造成一个小说和漫画等作品中的人物，然后再改变自己的性格。

那在"小说和漫画等作品中的人物"这个意义上，"角色"是指什么呢？克里斯托弗·沃格勒和大卫·麦肯纳所著的《编剧备忘录：故事结构和角色的秘密》一书中提到，"角色"可以用公式"角色＝欲望＋行动＋障碍＋抉择"来解释。

下面简单说明一下这则公式。

"欲望"是指"人物想做什么事",这件事既可以伟大,也可以渺小,既可以是宏伟的愿景,也可以是"只想喝冰箱里的啤酒"。

《编剧备忘录:故事结构和角色的秘密》中写道:"在谁想要什么之前,剧本里空无一物。"

"行动"是指若仅有欲望,角色就无法成立,必须要付诸行动。

"想要改变世界"的人或"只想喝冰箱里的啤酒"的人如果不行动起来,就不会有后续的故事。

角色

欲望　　　　　　　抉择

行动　　　　　　　障碍

"障碍"是指挡在我们目前所处状态与欲望之间的东西,比如竞争对手、必须得克服的困难等。如果只是想喝冰箱里的啤酒,走到冰箱前直接拿起就喝,那么故事就结束了。

假如要将其拍成电影:发现冰箱里没有啤酒,于是前去便利店买,结果不巧正遇上便利店遭强盗打劫,自己也被卷入其中,想办法解决这件事,买啤酒回家!如果没有类似这样的情节,那么故事根本没有吸引力。

"抉择"是指在面对障碍时,是就此放弃呢?是想尽办法解决呢?或者是换条出路呢?还是去移除障碍呢?

拿前文面对强盗的例子来说,也有几种选择方式——是逃走呢?或是说服强盗去自首呢？还是用武力去对抗强盗呢？角色的抉择决定了故事情节的发展方向。

如果将这几点迁移到人生上：

"欲望"是指自己想做的事和想怎么做这件事。有的人非常清楚自己想做的事或对未来有非常明确的愿景，这就是所谓"欲望"。如果还不清楚，就先按照步骤 1 完成目标清单，即写出 100 个 "10 年后你想成为的样子"，写完之后你差不多就可以知道自己的欲望了。

"行动"是付诸行动。清楚目标以后，就必须得采取行动去实现目标。

"障碍"是字面意思。凡事都不可能一帆风顺，当然会碰壁。对故事来说，存在障碍和失败才可能精彩。关于这点，我们之后再聊。

"抉择"也是字面意思。人生就是由一连串的选择构成的，"如何做出选择"会体现我们的性格特点。**接下来，我将介绍利用"欲望"塑造角色的方法。**

利用角色的欲望塑造人物原型

如果我们阅读了一本故事创作指导书，就会发现作者在写作过程中需要构思人物的基本性格、过去的经历及其欲望，甚至还需要考虑人物的道德品质等。事实上，我们完全没必要去考虑这些，在"故事思维"中塑造的角色可以不用那么细致。

我们只需大致想象一下**"自己已经写出了想成为的样子，那么最接近这个状态的人是什么样的"**就可以了。

当然，突然从零开始塑造角色难如登天，所以我们还是需要先审视在步骤 1 中完成的"想成为的样子"。

即便我们对自己列出的目标清单没有信心，也没关系。有的人可能会说"我目前还在看书，尚未开始列清单"，这也无碍。

审视并初步想象自己想成为的样子，再设想呈现出这种目标状态的"现实中的人"。

比如说，如果你"想成为的样子"是"不随波逐流，按自己的想法生活"或者"摆脱金钱的束缚，自由自在地生活"，那么就列出接近这些状态的熟人、名人、历史人物等。

我们可以多列几个人，比如"不随波逐流，按自己的想法生活"是这个人，"摆脱金钱的束缚，自由自在地生活"是那个人，像这样分别列出对应的人。如果实在想不出来，空着也没事。不用追求十全十美，填上你能填的内容即可。

接近目标状态的人

- 经常被人求助的人→公司里的前辈 X
- 和家人幸福生活在一起的人→我的朋友 Y
- 成功创立公司的人→我的亲戚 Z
- 世界知名运动员→大谷翔平
- 世界知名演员→渡边谦
- 在日本家喻户晓的名人→明石家秋刀鱼
- 热衷慈善的富豪→比尔·盖茨
- 世界知名电影导演→史蒂文·斯皮尔伯格
- 名垂青史的企业家→史蒂夫·乔布斯
- 在多个领域都取得成功的企业家→埃隆·马斯克

只要你憧憬某个人的生活，就算他不在你的"想成为的样子"清单里，也请一并列出来。列出来以后，再认真思考你所欣赏的是这个人身上的哪些品质，从而继续完善自己想成为的样子。

这样一来，我们不仅更新了目标清单，还分别罗列了呈现出这些目标状态的人。

这些都是你接下来即将塑造的"角色原型"，从现在开始，你要经过多个步骤逐渐塑造出只属于自己的理想角色。

筛选角色的特质

参照角色原型，进一步塑造角色。

根据列出的"接近这些目标状态的人"清单，尽可能多地写出这些人所拥有的特质。反正也不用给别人看，自己想怎么写就怎么写。

接近目标状态的性格

- 经常被人求助
- 爱护晚辈
- 说话时的语气有些高高在上
- 热心肠，爱管闲事
- 对人没有明显的好恶之分

接着，再重新审视自己的"想成为的样子"清单，思考拥有哪些要素有助于实现目标。

不断重复"更新目标清单，罗列接近这些目标状态的人，写出这些人所拥有的特质"这一步骤。

即便我们在现阶段还不能详细说明自己的角色形象，这也没有关系，因为角色需要历经多年的时间慢慢打磨出来。

同时也要注意，别被"自己的现有形象"束缚住，尽可能塑造出最接近目标状态的角色。因此不能只盯着自己看，而要去搜罗"接近目标状态的人"，从中筛选出塑造角色所需要的要素。

根据"目标状态"来塑造角色的理由

列出了自己所欣赏的人之后，结果发现这个人与自己想成为的样子并不一致，这样的情况也是屡见不鲜的。

所以在运用故事思维时，我们会先考虑"想成为的样子"，然后再去设定角色。

如果此时尚未打开思维的枷锁，那么我们想成为的样子可能会非常狭隘。正如步骤 1 中所说的，要先打开思维的枷锁，再罗列"想成为的样子"，这一点至关重要。

正是经过上个步骤的处理，在这个步骤中塑造出的角色才不会被以前的自己束缚，才能更接近目标状态。

如果你是第一次阅读本书，即便眼下对角色的想法尚未成形也不要紧。

正如我们之前反复强调的那样，制定清单的前提条件是不停更新它。所以，一开始不用追求 100 分，以"拿到 20 分"为目标就足够了。

下一个步骤的任务是依照清单实际行动起来。

小结

步骤 2 的主要内容是"塑造角色"。

直到现在，也许还有人在质疑"什么角色不角色的"，会感觉不适应和难为情。其实我们只需明白这是一本指导手册，然后平和地继续往下读就可以了。

到了步骤 3，我们将让角色行动起来。

[任务表 ⑤]

接近目标状态的人

_____

_____

_____

_____

_____

[任务表 ⑥]

接近目标状态的性格

升级

让角色
行动起来

在"行动"中塑造角色

在正式进入"让'角色'行动起来"的内容前，请允许我先来谈谈为什么行动对于塑造角色来说是不可或缺的。

或许大家以为我要讲的是"正是因为了解自己的性格，才会按照这个设定去行动"。但准确来说，**"角色的塑造"和"行动"之间的关系就像是一辆车的两个车轮一样，相辅相成、唇齿相依。**

正因为塑造出了角色，才会按这个角色的特质去行动。同时，正因为行动符合角色的特质，才创造并加深了这样的角色形象。

无意中尝试做了自己平常不会做的事，结果过程很顺利，性格也因此发生了改变，这种情况其实很常见。比如，按某人以前的性格，他在电车上根本不会让座，因偶尔心血来潮让了一次座，结果收到了别人的感谢并被周围乘客夸赞"这个人真好"，以至连自己也会觉得"我这个人真好啊"，便开始不断地做起好事来了。

反之，如果角色和行动没有建立联系，则很可能会失败。我在前文中也曾提到，若是只知道行动却忽略了角色的塑造，会导致角色跟不上行动，因而很容易会造成失败。就像只知道关注减肥这个行为，却不知如何塑造"减肥"的角色形象一样，最终可能会失败。

可是，假如只知道塑造角色却不付诸行动，"连自己都不相信"，这也是不可取的。

因此，在运用故事思维时，我们首先要打开思维的枷锁，明确自己想成为的样子，接着在此基础上塑造角色，最后让这个角色行动起来。只有不断地重复这一流程，角色才能逐渐丰满、立体起来。

也许这听起来有些复杂，不过我还会进行详细说明，所以请大家放心阅读。

为什么行动会影响角色

这么问或许很突然：请问大家进行过自我剖析吗？

我们总觉得我们对自己很了解，比如自己的性格和特质。事实上，有种观点却认为"别人如何评价我们，我们也会像别人那样去评价自己"。

换言之，如果我们多去做那些会让别人觉得"这个人是好人"的行为，我们自己就会被定义为"好人"。相反，如果我们去做那些不好的行为，那么连我们自己都会认为自己是"不好的人"。

我们往往在不知不觉中认定"我是一个好人，所以我在做好事"。然而，正如别人所看到的那样，我们也是"发现自己做了好事，然后认定自己就是好人了"。

相信很多人都赞成"好人有好报"这一观点，那么在下面两个人中，哪个人才会被认为是"好人"呢？

A：内心温柔，但表面上会做出打人或偷别人的贵重物品等不好的行为。

B：内心冷漠，但表面上有求必应，而且乐于助人，做事会考虑他人的感受。

毋庸置疑，大家肯定都会认为 B 是好人。因为人心隔肚皮，所以大家只能通过行为进行判断。

B 因为一直在做好事，同时也意识到了自己在做好事，于是开始认定"自己是好人"。哪怕现在的他在本质上不是一个好人，但在一直做好事的过程中，连他自己都会开始认定他的角色是一个好人。

水野敬也所著的《写给男生的恋爱指南》一书中介绍了一个名为"外显善良"的理论。该理论的基本观点是"女性喜欢的不是性格温柔的男性，而是在行为上体贴的男性"，同时，书中还列出了一系列"温柔体贴的行为"，例如"同行时走在马路外侧""女性想坐下时帮她拉出椅子"等。

这本书的精彩之处在于，它指出了"要做出体贴的行为"，而不是"要成为温柔的男性"。**当我们不断地做出体贴的行为时，无论是对方还是我们自己，都会觉得我们是温柔的人。**

写出符合角色的行为并付诸实践

根据步骤 3 塑造的角色，试着写出"在这种情况下这个角色会怎么做？"。

首先需要考虑的是"说话方式"，即这个角色会怎么说呢？

特别是在听到别人对自己的评价时的反应，因为面对评价时，大家的反应一般都是无意识的、条件反射性的。比如说，当被别人称赞外表时，有的人会回答"哪里哪里"，在无意间做出了"被人称赞了，我得谦虚"的反应。

但在称赞的人看来，这样的回答听起来并不舒服，因为它仿佛在说"你真没眼光"或"你错了"。不过，被称赞的人多半无意争春，不想被人觉得自己很张扬，于是不由自主地变得谦虚起来。

　　此时，我们可以提前设想一下，自己塑造的角色会怎么回答呢？

　　比如，当被人称赞时，可以回答说"谢谢！你这么说我非常开心！"，诸如此类。

　　据说演员武井壮在上电视前，会提前录下能言善道的人的聊天内容，然后跟着录音反复练习，直到掌握同录音中的人一样的说话节奏。于是，他在练习的过程中自然而然地变得很会说话。

　　如果你有特别尊敬的人，也可以试着彻底模仿这个人的说话方式，这不失为一个好方法。

　　设想了符合角色特点的发言之后，接着**模拟我们在生活中可能会遇到的场景，以及在这个场景下角色会做出怎样的行为**。

场景／行为

　　早上起床后做什么？／不赖床，马上起床，开始活动

　　如何开启新的一天？／从重新审视一下事先制订的计划开始

　　被上司批评时怎么办？／回答"感谢您对我的批评和指正！"，立即改正并向上司汇报

　　坐电车时做什么？／阅读对将来可能有帮助的书，收听播客等

　　吃什么样的食物？／注重健康饮食，但认为自己做便当很浪费时间，所以选择不做，而且在便利店购买会看营养成分表

　　平时买东西的标准是什么？／尽量节约，不过买质量一般的便宜货反而可能会吃亏，所以会选择稍微贵一点的商品

　　如何决定穿什么衣服？／尽量买很多同款衣服，这样就不用纠结每天该穿什么了

怎么处理便利店找的零钱？／全部捐掉

想跳槽去的公司发来录用通知时怎么办？／选择更难的公司

被要求做自己没做过的工作时怎么办？／马上阅读 5 本左右相关领域的书熟悉一下

怎么看书？／抓住重点，跳跃式阅读

如何释放压力？／去健身房锻炼

散步时在想什么？／一边观察街上的广告牌，一边思考社会现状

怎么听音乐？／循环听自己喜欢的音乐人的专辑

和恋人约会时在想什么？／思考如何让对方更开心

睡觉前会做什么？／放下手机，看书

心情不好时怎么办？／好好吃饭，早点睡觉

旅行时怎么安排行程？／紧凑安排行程，尽量多逛几个景点

出国旅行时遇到麻烦怎么办？／保持冷静，向朋友求助，同时用手机搜索对策

伤害别人后怎么办？／马上认错，诚恳地道歉

类似上面这样一条条地列出来，尽可能多地列出"在这种情况下，这个角色会怎么做"，这点至关重要。

刚开始时，不用考虑自己是否可以做到这些行为，而要根据塑造的角色，多去思考各式各样的生活情境。久而久之，我们在日常生活中会习惯性地去联想"在这种情况下这个角色会怎么做"。

在目前这个阶段，我们也不需要归纳总结，只需记录在不同场景下"这个角色在这种情况下会这样处理"即可。

在这个过程中也许会遇到"咦，这个角色很难会做出这个行为"的

情况，这就意味着我们需要修改这个角色的性格清单了。

如果绞尽脑汁也想不出来，那么就请回想在步骤 2 中列出的"接近目标状态的性格"，设想"如果是这个人，他会怎么做"就可以了，比如说，思考"如果是前辈 X 碰到这个情况，他会怎么做"即可。

完成"这个角色会怎么做"清单后，我们可以在现实中尝试一下清单中的行为。在不断尝试的过程中，我们会越来越接近我们所设想的角色的性格。

准确地说，**并不是我们的性格发生了改变，而是我们学会了去做具有这种性格的人可能会做的事。**

如果怎么也联想不到具体的行为，那么很有可能是因为角色本身的设定太过模糊了。

这时，请再次回到步骤 2，重新塑造角色。如果角色变得足够清晰，那么很容易就能联想到他相应的行为。

真实的自己是什么样的

读到这里，也许有的人会反感，觉得"这不是自欺欺人吗？""这是装的，让我感觉很不舒服"。

但是，真实的自己到底是什么样的呢？

不管是谁，如果他被当成了董事长，那么就会表现出董事长的样子。总之，我们的内在其实非常模糊，甚至可以说是柔软可塑。

前文也曾提到，我本身并不属于"坚持不懈地迎接挑战、在大庭广众之下侃侃而谈、发挥领导作用"的那类人。然而，我意外地开始创业，以企业家的身份不停地工作，不知不觉中便认定自己是"勇于挑战、能胜任领导工作"的人了。

总而言之，人们是通过行为来判断一个人的内在的，正如别人观察我们那样，我们也是通过自己的行为来认清自己内在的，所以我们可以通过改变行为来改变性格。

有时候，角色与真实的自己不同反而会更好，因为这样才能表现出立体且清晰的角色形象。就像前文中介绍过的矢泽永吉，他在 Carol 乐团期间，一直以坏坏的摇滚乐手形象示人，他也曾公开评论过自己当时的形象，他是这样说的。

矢泽永吉：的确是的，Carol 时期 YAZAWA 梳着大背头，穿着皮夹克，玩着摇滚。脱离乐团以后，矢泽永吉穿着白衬衫在日比谷玩摇滚。如果矢泽永吉骨子里就是坏坏的，那这根本不可能成立。再说，若骨子里就是坏坏的，也太没意思了。

换言之，如果矢泽永吉本人骨子里就是这样坏坏的，那不仅很无趣，而且他也很难一直维持这样的形象。正因为他给自己设定了一个叫作"矢泽永吉"的角色来扮演坏坏的摇滚乐手，他的形象才得以维持下去。

再比如说，如果他本身就是一个坏坏的人，那么等他年纪大了，人发福了，就会给人们留下一个"那个人以前看起来坏坏的"的印象。但如果坏坏的形象是他所扮演的角色的特质，那么即便到了 70 岁，他也还能继续扮演下去。

最后，请允许我再重复一遍，比起思考"自己是什么样的"，我们更应该去思考自己想塑造什么样的角色，并且列出符合角色性格的行为，然后付诸行动，细细品味自己想要的美好人生。

小结

大家都完成自己的行为清单了吗？

清单还不完美也没有关系，只要能理解"大致这样就可以了"就值 90 分了。而且，列出行为清单值 100 分，而实际行动起来值 1000 分。

在此，总结前面 3 个步骤的内容：首先，在步骤 1 中打开思维的枷锁，设想自己想成为的样子；其次，在步骤 2 中塑造贴近这个形象的角色性格；最后，在步骤 3 中想象符合这个角色性格的行为。

下一个步骤将要介绍如何构建这个角色所生活的环境。

[任务表 ⑦]

自己想成为的角色在不同的场景下

会做出什么样的行为?

场景	行为

▶

_____ _____

_____ _____

_____ _____

_____ _____

_____ _____

_____ _____

_____ _____

_____ _____

_____ _____

升级

构建
最适合角色
生活的环境

前面两个步骤主要介绍了塑造角色和让角色行动起来的内容。

只要掌握这些内容，就足以让"故事思维"充分发挥作用了。以前只有"自己"一个视角，现在我们拥有了另一个角色的新视角。

仅凭这一点，就足以对我们的人生观产生重大影响。我们可以只在周末转变角色，或者在受到上司批评时，转换成理想的角色去应对。

可是，**在环境不变的情况下，即便改变角色，也很难发挥出"故事思维"真正的价值**。

说得极端一点，例如我们将想自己成为的样子设定为"成为人人羡慕的对象，所以要保持身材，做任何事都要全力以赴，努力做出成绩"，然后在此基础上将我们的角色设定为"一旦做出决定就坚持到底的人"。尽管如此，但如果我们参加了"拉面同好会"呢？大家到处探店品尝拉面，因为有指标，我们肯定会经常去吃拉面。虽然说如果能一门心思做好这件事，当然是非常了不起的，但是这样一来，我们既保持不了身材，离健康也越来越远了。

但如果我们参加的是坚持自律的社团——所有人都很注重饮食，也不会到处去吃拉面，那么我们可以很顺利地完成自己的角色塑造。

因此，为了帮助大家更好地运用"故事思维"，步骤4将围绕"构建最适合角色生活的环境"展开说明。

在进入正题之前，我在步骤4中会先花点篇幅来介绍"环境会如何影响行为"。容我赘言，比起去实践本书中的内容，我们由衷认同本书的观点才能带来更好的效果。

先来谈谈我们是如何认识"自己"的。

我们是如何认识"自己"的

我在步骤 3 中也提到过，人们往往以为"我很清楚自己的想法，所以我最了解我自己"。然而事实上，**别人怎么看待我们，我们也像别人那样看待我们自己。**

在丹·艾瑞里所著的《怪诞行为学》一书中，这被称作"自我信号"。书中有这样一段内容：

> 自我信号的一个基本概念是"不管如何思考，我们对自我的认识都不是很清楚"。具体来说，我们普遍认为自己对自己的爱好和性格更清楚，但事实上，我们对自己的认识并不准，或者说肯定没有我们想的那么好。

我们看待自己的方式与我们看待并评判别人行为的方式是一样的，即从行为中认清自己并推断出自己的爱好。

总而言之，我们**通过观察自己的行为来判断自己的性格**。正如看待别人一样，观察对方的行为，从而判断对方"原来是这种性格"。

比如说，如果某人每天早上都睡懒觉，那么他可能就会觉得自己是一个懒惰的人。久而久之，他就不相信"自己很自律，可以早起做些创造性的工作"。

"我们通过观察自己的行为来判断自己的性格"，这是非常重要的前提条件，希望大家能够牢记。

接下来，我们来思考一下"自己的行为"又是从何而来呢？我有一个大胆的设想：自己的行为是随着"身边的人如何看待自己"而改变的。

我曾经看过一个实验，一名在 VTuber 公司工作的程序员被要求扮成美少女，研究人员对她的行为进行观察，结果发现她的行为变得越来越可爱。

这意味着"外在的改变会引起别人对我们看法的改变，而别人看法的改变会让我们改变行为去迎合别人的看法"。

别人对我们的看法发生改变

自己的行为发生改变

自己的性格发生改变

"观察自己的行为，判定自己是这种性格"是一个很复杂的问题。

如果忽略各种情况的一致性和例外，可以把这个过程简明扼要地概括成"别人对我们的看法发生改变→自己的行为发生改变→自己的性格发生改变"。

一旦时代和国家发生变化，我们自己也会随之改变

稍微偏个题，我想进一步谈谈环境是如何给人带来巨大影响的。

比起 VTuber 的例子，有的因素会让别人的看法发生更为巨大的改变，即时代或国家等大环境。

假设有一名做事认真负责的警察，如果他分别身处第二次世界大战时期的军事独裁国家和 21 世纪和平富足的国家，那么他人对他的行为的期待肯定有着天壤之别。

就算基因完全相同的人，只要他所生活的时代或国家发生了变化，别人对他的看法就会随之改变，进而引起他的行为发生改变，最后他的性格也会发生改变。

这样看来，**我们可以合理地认为每个人的性格差异就好像误差一样，而几乎所有的差异都源于情况或环境的变化。**

比如明治维新的主要人物，与其说他们"偶然聚集在那个时代、那个瞬间、那个场合"，不如说"历史洪流需要他们在那时力挽狂澜"。

在江户时期，一些优秀的人因偶然的约定在某个瞬间出现在同一场合，这是绝对不可能的事。

只不过在环境中被赋予了"角色"

因此，一个人能否取得成功，并非取决于他的能力或天赋，而是时代等环境赋予他的角色。

我们往往认为成功人士是靠个人的努力和天赋取得成功的，然而，他成功的决定性因素其实是"在时代的洪流中，他刚好在场"。

仔细想想，**事业越成功的人越是经常把"不是因为我能力有多强，只是运气比较好而已"挂在嘴边。**这种说辞并不是因为谦虚或害怕遭人嫉妒，而是成功人士确实经常会感觉"这不是靠自己的实力"。

就像史蒂夫·乔布斯，虽然他非常伟大，但如果他身处如今的大环境，那么他在 20 岁时就能创立全球第一大企业的可能性应该很低。

在我看来，所谓成功人士，就是"在时代的洪流中碰巧扮演了重要角色，而且只是偶然被赋予了这个角色而已"。

即使没有乔布斯，个人计算机和智能手机也都会普及。只不过可能早10年或晚10年普及所产生的影响与之不同而已，当然细节也会有偏差，但这些也只是时代洪流中的些许误差罢了。

可能会有人因为我持这样的观点而认为我是"宿命论者"，即"一切都是命中注定，个人的努力完全改变不了命运"，但事实并非如此。人们通过自己的努力，让人类社会在很多方面得以不断改进，所以，能够坚持不懈地做一件事对个人乃至社会都是极为重要的。

不过也请不要忘记，**时代的洪流和环境不同，结果也会天差地别**。

人会根据立场改变性格和行为

与"环境"相似的词还有"立场"，它也非常重要，因为人会根据自己的立场做出改变。

比如，从今天开始你突然就任大企业的董事长，一旦别人把你视为董事长，你自己也会慢慢地进入董事长这个角色。

这样的情况在现实生活中也很常见，例如，某人之前只是一名普通职员，但升任领导岗位以后，就会被大家视为领导，他自己也会表现出领导的样子。学校的老师也一样，因为被大家称为老师，他自己也变得越来越像一位老师。

人们总喜欢给自己贴上"因为我是这样的性格或特质"的标签，比如说"我从小就很内向，也不是那种可以引导别人的性格，所以当不了领导"。

可是，当周围的人都把你当成领导时，你自己也就自然而然地表现得像一个领导了。

我一直在给各种各样的公司提供天使投资，在被投资公司的董事长当中，也不乏一些年轻的大学生。在我提供投资时，他们还是刚刚创立公司的年轻人。

无论是股东、员工，还是客户，大家都把这些年轻人视为董事长，他们也迅速地进入了角色。或者说，他们迫不得已必须要表现出董事长该有的模样。

当然也有一部分人在创业前就表现得像一位领导，他们是那种本来就很有领导能力的类型。但是，有一半以上的人是"在担任董事长后，才表现得像一位董事长的"。

如果我们对"我不适合担任董事长，我没有这个能力"深以为然，那么我们未来可能会因此而遗憾。只要我们去担任董事长，自然就会变得像一位董事长，到那时我们自己目前的性格或特质也就没有那么重要了。

有了在步骤 3 中塑造的理想角色，只要再构建一个可以被视为这个角色所处的环境，就能轻松改变性格。

在大家聊得起劲时，别人总是期待你讲点笑话，而你只要随便讲两句就会逗得大家哄堂大笑，于是聊天的气氛变得更加有趣。这样一来，你自己也会慢慢地进入"爱讲笑话"这一角色。

因为"受人期待、被人需要、可以轻松讲笑话"的环境已经具备了，所以我们会开始在日常生活中创作笑话，思考着如何才能逗笑别人。最终，我们每天的关注点也会随之改变。

此外，"别人如何看待你"也非常重要。

马尔科姆·格拉德威尔曾在他的著作《异类：不一样的成功启示录》中指出，在加拿大的冰球运动员中，1月出生的球员数量最多。原因在于，加拿大冰球队按年龄分组的分界线是12月底，那么1月出生的球员在当年1月至12月之间出生的球员中年龄最大，而这几个月的年龄差距就是他们的优势了。这是因为在儿童时期，年龄仅相差几个月就会有很大的成长差异。

这样一来，1月出生的球员会被认为"有天赋"或"是个好苗子"，教练和队员们都对他们高看一等。于是，他们会获得更好的指导，这也促使他们充满干劲。这些球员参加比赛的机会增多，经验也因此越来越丰富，这种良性循环最终会帮助他们成为职业冰球运动员。

从职业冰球运动员的年龄来看，几个月的年龄差距几乎可以忽略不计。换言之，1月出生的职业运动员的数量之所以最多，是因为他们在孩童时期受到了特殊优待。

并非勇气不足，而是环境不同

经常有客户向我咨询"我想创业，但没有勇气"。他们总会怀疑这是因为自己意志薄弱、缺乏勇气，并因此而感到沮丧。

或许，我们可以简单地将其归因于我们自己所处的并不是一个鼓励创业的环境。

比如说，在斯坦福大学，创业是一个理所当然的职业选择，甚至还有全班同学都打算创业的情况。

有一位名人叫作孙泰藏，他创立了开发了《智龙迷城》的游戏公司——"GungHo"，同时他还是一名投资人。孙泰藏曾在 Meta 上发布这样一个帖子：

　　昨晚，我和美国的某位知名投资银行家一起吃晚饭，席间我们聊到许多话题，其中我印象最深的是下面这段话：

　　"美国顶尖大学的最优秀的学生去创业，第二优秀的学生去风投公司上班，谈不上优秀的学生则去大公司上班。近年来，这种情况进一步升级，据说去年对斯坦福大学的学生开展了问卷调查，结果显示，所有参与问卷调查的学生都表示毕业后打算创业。竟然所有学生都要创业！难以置信吧？"

　　（以下省略）

　　假设你打算大学毕业后去某大型银行工作，可是你的同学们几乎都在准备创业。在这种情况下，你会做何选择呢？

　　如果你对你的同学们说"我准备去上班"，他们很有可能会劝你放弃上班的打算——"什么？你准备去上班吗？去大公司上班可当不上领导哦，就职的部门也是公司说了算，连人际关系都由不得你选。工资也是人家给多少你就只能拿多少，而且出于应届生的身份，你只能给同事打打杂，干着公司最底层的工作。如果选择创业，二十几岁成为亿万富翁的人比比皆是，但你去上班的话，这种可能性基本为零。大家都准备自己创业了，你为什么非要去公司上班呢？"

　　如果最终的结果是"大家都在创业，只有你去上班"，那么你必须对上班抱着十足的热情、信念和自信才行。

　　那是不是斯坦福大学的所有学生都对创业满怀热情和干劲呢？这也不见得。我认为，调查问卷之所以得到这样的结果，可能是因为斯坦福大学的整个环境充满着"选择去上班反而更需要干劲""即便选择创业，也不太需要干劲"之类的论调。

甚至他们会认为"周围的同学都在创业，那我也能做到"，还有人因为看到当初跟自己差不多的同学都创业成功了，成了亿万富翁，于是便觉得"我也能做到"。

所以，**当我们找寻到理想中的自己或想做的事时，"自己努力"或"无论别人说什么，都要坚定自己的信念"都是错误的行为**。除了一部分"超人"，一般人根本做不到，因为这些行为并不合理，而且效率极低，犹如逆水行舟。

其实，只要周围的人和我们拥有相同的理想目标，便可引起连锁反应，我们在不知不觉间也会主动行动起来。

阅读了"鼓励行动起来"的成功励志书之后，不用急于行动，不妨先去思考希望别人如何看待我们、在什么样的环境下别人会这样看待我们，接着让我们置身其中。

"环境"是指我们周围的人

如上所述，我花了相当长的篇幅介绍了"环境如何影响行为"。

现在，差不多也该进入实践环节了，不过我想再进一步深化"环境"这个词的意思。

前文中一直提到的"环境"到底是指什么？比起"工作环境"的意思，文中主要是指"周围都是什么样的人"。

"改变自己，从改变环境开始"，而这其中的关键则是改变"周围的人"。

有一个词叫作"行为的蝴蝶效应"。

这个词出自山岸俊男所著的《社会的困境：从"环境破坏"到"校园霸凌"》一书，下面我按自己的理解对其进行简单介绍。

想让别人做好事时，很多情况下可以考虑给予奖励或惩罚，比如"做好事就奖励 1000 日元""干坏事就罚款 1000 日元"。

在经济学领域，一般认为"适当的奖励可以让人更有动力"。可是，人们往往不会轻易开始行动。

如果总是做好事就给甜头，干坏事则要挨揍，结果会如何呢？这样会造成"过度管制"的状态。

过度管制相当耗费成本，这是自然的，毕竟每遇到一件事时都得去判断"是好事还是坏事"，还得据此决定是给予糖果还是鞭子，这样做毫无效率可言。

社会在"所有人都遵守规则、共同行动"时才会效率更高，才会实现利益最大化。"别人怎么做，我就怎么做"的情况特别常见，所以如果可以合理利用这种从众心理，不仅能有效地降低成本，还能促进社会有效地运转。

山岸俊男在书中提到了"临界质量"理论。

"临界质量"原本是指"可裂变材料产生链式反应所必须具有的最小质量"。以铀核裂变为例，铀 -235 一旦超过某个特定的量，就会骤然触发核裂变。

同理可得，人的行动一旦超过某个特定的量，也会引发蝴蝶效应，此处从这个意义上借用了"临界质量"这个词。

书中举了校园霸凌的例子来说明"临界质量"。具体介绍篇幅太长了，所以我简单介绍一下这个例子。

一个班级中有 11 名学生，其中 1 名学生会欺负其他学生，其余 10 名学生试图阻止他的行为。

在 10 名学生中，既有彻底的正义者，他们的想法是"我不管其他同学怎么做，反正我一定要阻止他欺负同学的行为"；也有精致的利己主义者，他们的想法是"就算除了我之外的所有同学都要阻止他欺负同学的行为，也和我没有关系，我才不管这事，毕竟这对我没有任何好处"。不过，绝大多数同学的想法是"如果有 X 个同学都打算阻止他欺负同学的行为，那么我也愿意帮忙"。

比如，如果 10 人中有 5 人（50%）打算阻止霸凌行为，那么会有 1 人加入其中，结果就是 10 人中有 6 人（60%）愿意帮忙；反之，如果 10 人中只有 3 人（30%）打算阻止霸凌行为，那么实际上会减少 1 人，即 10 人中只有 2 人（20%）愿意帮忙。细节的设定请参照原书，下面我们来进行模拟。

- 如果有 30% 的学生打算阻止霸凌行为，实则只有 20% 的学生愿意帮忙，即减少了 10%。如果只有 20% 的学生打算阻止霸凌行为，那么实际愿意帮忙的学生又只剩下大概 13%……以此类推，最终打算阻止霸凌行为的学生会停留在 10% 左右。

换言之，最终只有一位彻底的正义者在继续坚持，而其他的学生几乎都没有继续帮忙阻止霸凌行为。

- 与此相反，如果有 50% 的学生打算阻止，则"如果有 50% 的同学打算阻止他欺负同学的行为，我也愿意帮忙"的学生会增至 58%。接着"如果有 58% 的同学打算阻止他欺负同学的行为，我也愿意帮忙"的学生会增至 67%。以此类推，最终打算阻止他的学生会增至 87%。

也就是说，最终只有 1 位精致的利己主义者不愿意帮忙，除了他之外，其他学生几乎都打算阻止霸凌行为。

上述内容稍显复杂，若更为直观地说，可以将其概括为"大多数人都喜欢随大流"。

总之，利用这种从众心理的关键是**"观察我们自己理想中的角色在做什么，只要融入他们，我们自然也会去做相同的事"**。

这就是步骤 4 介绍的"构建环境"。

只要转换"故事中的出场人物"，自己的性格也会改变

综上所述，我们的行为因环境而改变。而行为一旦改变，我们会发现原来自己是这种性格，相应地，我们的自我认知也就会发生变化了。

用"故事思维"来表述，**"只要转换我们人生故事中的出场人物，我们自己（即主人公）的角色就会改变，故事也会发生巨大的变化"**。

前文中也提到过，我们在判断自己的性格时，正如别人观察我们那样，也是通过自己的行为来认清自己的内在的。因此，即使情况只是"因为身边的人都在创业，所以我也创业了"，我们也会据此判断自己的性格是"一名企业家，一个勇于承担风险、直面挑战的人"。

我再分享一则我在 Recruit 集团工作期间经历的故事。

我刚入职时，上司问我"准备在这里工作几年？"，当时我回答

"争取在这里工作 3 年"。他大吃一惊，还替我担心起来，觉得"这小子无缘无故，竟然准备在这里工作 3 年""这小子应该对工作没有什么热情吧"。

在 Recruit，"刚入职就宣布自己准备在这里工作 3 年"这种行为会让人感觉"这个人很奇怪，说的话也莫名其妙"。当然，如果在这家公司有自己想做的事或者喜欢在这里工作，这倒也正常。可是，作为一名刚入职的新员工，在还没正式上班时就宣布自己准备在这里工作 3 年，这也难怪会让人感到奇怪吧。

一般情况下，计划在人生的第一家公司工作 3 年并不稀奇，只不过 Recruit 的工作氛围比较与众不同。

甚至还有人问过我"你为什么不自己开公司？你不想创业吗？"，其实他们并不是鼓励我去做副业，而是"很多人都是白天在 Recruit 上班，晚上在自己的公司。你没有开公司的话，那在做什么？都在玩吗？"的意思。

他们说这些话时的语气既没有高高在上，也没有自以为是，只是感觉"这个人真奇怪，竟然不按常理出牌"。

因为身处这样的工作环境中，我在 Recruit 工作期间也创立了公司，之后也离开 Recruit 自主创业了。我原本并没有创业的想法，因为我觉得自己并不是当董事长或领导的料。所以从某种意义上说，我纯粹是为了"遵循常理"才选择创业的。

而创业后，身边的人理所当然的都是企业家和投资者。于是，我的行为也就变得越来越像一名企业家了。

现在，连我自己都觉得我的行为举止俨然是企业家的做派了，但这并非我真正的特质和性格。毕竟我很容易受人影响，喜欢随波逐流，没有勇气独树一帜，"成为企业家"只不过是我深受周围人影响的结果而已。

换言之，**只要转换我们自己故事中的出场人物，就可以改变自己。**这是最轻松，也是效果最佳的办法。与其改变自己的内在、意识和觉悟，不如让自己置身于相应的环境中，因为后者更轻松简单。

人们常说，我们自己的能力可以达到我们所属群体的平均水平。反向思考的话，如果我们身边的人都很优秀，那么我们的能力自然也会提升。

融入自己的理想角色所处环境的方法

在详细介绍了"我们的性格和能力都会因环境而改变"之后，接下来终于要开启"如何构建理想环境"的话题了。

前文中也提到过，我们可以简单地认为"环境"是指周围的人。如果想成为我们自己理想中的角色，那就让自己置身于理想角色可能会身处的环境中，就是这么简单。

那么，如何才能让自己融入理想角色可能会身处的环境中呢？下面我们来解决这个问题，具体步骤如下：

① 寻找理想角色可能会身处的环境；

② 制造顺利融入该环境的契机；

③ 成为其中一员。

赶紧进入正题吧！

"寻找理想角色可能会身处的环境"之错误方法

假设我们已经明确自己想成为什么样的角色，那要去什么地方寻找这些人呢？

如果我们想成为创业人士，开创自己的事业并全力以赴地去做自己想做的事，就自然会想去创业人士聚集的地方。

可是，很多人总会去想"我不敢立即辞职去创业，还是先参加那些想创业的人的聚会吧"。

乍一看这个决定没什么问题，"想创业的人的聚会"当然是指"想创业的人聚集的地方"。但是也可以说，来参加这个聚会的很可能都是不敢立即辞职去创业的人。

如果我们去参加这类聚会，应该会和那些"不敢辞职，但又想创业"的人变成朋友吧。可是，"正在创业的人"和"想创业的人"看似相近，实际上却有着天壤之别。

虽然参加这类聚会可以交到经常与我们谈论经营理念和创业想法的朋友，但这些人很有可能最终选择不去创业。

像上文这样，自以为找到了合适的环境，但其实是错误的，这种情况很常见。

读到这里，有人也许会说"明白了，那我去参加正在创业的人的聚会不就好了"。然而，在这种情况下，我们也有可能会跑错地方。

比如，某人明明想成为像"创立软件银行集团的孙正义和创立 Cyber Agent 的藤田晋"那样的 IT 行业企业家，结果却莫名其妙地跑去参加了餐饮行业企业家的聚会，这显然是牛头不对马嘴。因为两者从业务规则到从业人员的特质都大相径庭，所以参加这个聚会恐怕对此人没有多大帮助。

总而言之，"**想成为的样子越模糊，就越有可能出现意想不到的错误**"。如果只是想成为敢于挑战的企业家，那么餐饮店老板和 IT 企业经营者都是不错的选择。但是，如果我们后来进一步思考时才发现原来自己想成为的样子"更接近孙正义，跟那些餐饮店老板完全不同"，那么基于之前种种，我们最终可能会变成一个与自己所期待的完全不同的角色。

如何寻找理想角色可能会身处的环境

具体应该如何寻找理想角色可能会身处的环境呢？方法之一便是"**找到关键人物**"。

首先，可以在网上寻找接近自己理想角色的那个人。注意要找健在的人，因为经常会遇到"想成为的人是某个历史人物，而这个人所属的群体已经不复存在了"的情况。

如何才能找到这个关键人物，这是最难的环节。接下来我给大家提供几个技巧，例如：

- 在自己的认知里寻找或思考最接近理想角色的人；
- 解析此人的个人简介，比如其所属群体、人生经历、主要业绩等；
- 根据解析得到的内容展开搜索；
- ……

如果很快就找到了最接近自己理想角色的人，可以再试着解析此人的人生经历。寻找时有个技巧：尽量去找目前仍在某个领域奋斗的人，而且最好是距离自己比较近的人，这样找起来会相对容易些。

如果非要以伟人为目标，那么可以先研究这个伟人的特点和个人简介，再确认目前在某个领域中是否有与这位伟人比较相像的人，这也不失为一种好方法。

比如，假如想要成为像史蒂夫·乔布斯那样的伟人，可以先找到乔布斯的个人简介，再将其分成几个部分展开分析。这样可以了解他原来"深受这个思想影响，拥有这样的经历，以及属于这样的群体……"，接着再去"这样的群体"中寻找当下是否还有类似乔布斯那样的人。

即便实在联想不到具体的人物也没有关系，我们可以换一个思路：假设你是一名公司职员，你的目标状态和理想角色是"在大企业工作，不受内部斗争的影响，努力创造实绩，能做出重大改革，取得重大成就，将来有望就任董事长"，那么只要找到有可能实现这个目标的人就可以了。

然后，仔细研读这些人在社交媒体上的个人简介，在其基础上融会贯通，判断谁在业界的影响力最大。

也许你会觉得很麻烦，但对于"让自己的目标角色变得更清晰"来说，这步非常关键。

而且在当今时代，在社交媒体上发布个人相关信息的人非常多，所以这步并不难。

一旦在这些人中发现了可能与自己的理想角色相近的人，那就可以全方位分析这个人了。若是分析后觉得"这个人果然非常接近自己的理想角色"，我们就可以进入下一步了——考虑如何才能加入这个人所属的群体。

总而言之，如果找到了某个接近自己的理想角色的人，那只要加入这个人所属的群体即可。

"能否成功加入这个人所属的群体"则要靠运气或者看具体情况了，所以我们不妨同时多找几个目标人物。

理解"第三道门"的概念

找到非常接近自己的理想角色的人之后，我们再来谈谈应该如何加入这个人所属的群体。很多人往往在这一步就想一鼓作气地解决这个问题，当然这也是可行的。不过，**一个毫不相干的人突然想要融入某个理想中的群体，难度系数应该会很高。**

因此，在说明如何加入目标人物所属的群体之前，我先来介绍一种叫作"第三道门"的思维方式。

"第三道门"是亚历克斯·班纳言在《第三道门》一书中提出的概念。简单概括一下这本书的内容，就是一名 18 岁的大学生接连采访了比尔·盖茨、Lady Gaga、史蒂文·斯皮尔伯格等世界名人。下面引用对这本书的部分介绍。

美满的生活，腾飞的事业，辉煌的成就……想要得到这些，其路径和进入一家俱乐部是一样的。我们面前往往有三道门。

第一道门——正门，99% 的人都选择在这里排队，等待进入。

第二道门——贵宾入口，亿万富翁、社会名流从这里悄悄地进入。

然而，事实上很少有人知道，还有第三道门。

要进入这道门，你必须摆脱既定路线，沿着小巷一路探索，一遍又一遍地敲门询问，甚至要砸破玻璃，从厨房溜进去……

无人问津的捷径被称作"第三道门"。"捷径"这个词听起来像是旁门左道，可事实上并非如此。总之就是**"没钱没势的人想要成功，必须得另辟蹊径"**。

假设一个寂寂无名的普通大学生想要采访成功人士，如果他直接给这些人的官方电子邮箱发送邀约邮件，基本上会惨遭忽视，那他该怎么办呢？这便是这本书的主要内容。

这本书非常有意思，因为它讲述的是一名大学生为实现目标艰苦奋斗的真实故事。故事的开端就趣味十足：主人公参加电视竞猜节目并赢得了奖金，然后将这些奖金用作采访世界名人的经费。

详细点说，主人公报名参加了一档电视竞猜节目，他事先在网上看遍攻略，为了从观众席中脱颖而出好被节目组选中，他穿上了极度花哨的服装来惹人注目。而且，他在节目现场不停地向参赛选手们请教"第一次参赛怎么做才能赢"。他另辟蹊径，最终真的拿到了冠军，赢得了将近 100 万日元的奖金……具体内容请阅读这本书。

如何融入理想角色所在的群体

接下来，我将介绍怎样才能融入理想角色所处的环境。

例如我们在前文举的例子，如果想成为敢于挑战的企业家，就必须得融入企业家所处的环境。那么，在这种情况下，怎么才能进入第三道门呢？

举一个例子，我认识的某位企业家，他在创业前创办了一家以招聘为目的的媒体公司，采访了各行各业的企业家。

他非常擅长撰写新闻稿件，因多年从事媒体工作而结识了很多人，并成功融入了这些人的圈子中，同时也对他自己理想中的企业家有了更深的认识。

最终，他自己成功创业，没过几年就把整个公司卖给了某家大企业，一跃成为亿万富翁。

这个方法的高明之处在于，他以媒体人的身份倾听各行各业企业家的故事，听取并学习他们创业成功的方法，而媒体人往往很受企业家们的青睐，所以他可以轻松地融入他们的圈子。大家都很看重听自己讲故事、给自己写好故事的媒体。

再比如，某个学生本来想成为一名教师，但他怀疑"也许只是因为自己只了解教师这一种职业，所以才会产生想当教师的想法"，于是他便同 100 名社会人士进行了一对一咨询。

他在当时非常流行的 Clubhouse（一款即时音频社交软件）上与著名的商业人士进行交谈，并通过他们的介绍认识了许多成功的社会人士。

这个方法在另一方面也激发了这些社会人士"想温柔对待学生"的心理，同时这些人还有着"想认识年龄不超过 25 岁的优秀年轻人和学生"的商业化考量，所以这个学生才得以与他们交流。

世上应该有成千上万种不走寻常路的、如"第三道门"式的方法。我们总是习惯采用"正面解决问题，然后融入某个群体"的方式，当然能做到这点也是非常不错的，只不过也请牢记，除此之外还有其他方法。

认识厉害之人的第三道门

在大学期间，我想认识创建了 2ch 网站并大获成功的西村博之，于是便去了他的竞争对手"1ch.tv"那里担任管理员，还在该网站上发布了自己的个人住址和电话号码。

在那之后的某一天，西村的朋友因遭遇车祸住院了。西村觉得那位朋友插着尿管的样子实在太滑稽了，于是想多找一些人来医院围观。而我刚好就住在那家医院附近，并且 1ch.tv 网站上还有我的电话号码，于是他就打电话叫我去了。

以此为契机，我和西村成了朋友。

也许你们会对此感到惊讶：还能这么做？然而，多去创造有利于与对方搭上线的途径，并不懈地为之努力，这条路自然而然就走通了。

此外，我从学生时代起就非常崇拜糸井重里，他是 HOBONICHI 品牌的创始人，也是文案撰稿人，还是游戏 *MOTHER* 的制作者。总之，糸井重里超级有名。

于是，我在学生时代曾经将"我的目标是见到糸井重里"印在名片上，然后到处发名片。总之，我当时就是想通过广发名片的方法去结识糸井重里，虽然这个方法最终没什么用，但重要的是我勇于尝试了。

最后，好像是 HOBONICHI 举办手账销售活动时，糸井重里亲临现场参与销售，我便以顾客的身份去参加该活动，借机与他交谈了。

我当时好像跟他聊了"我想创业"之类的话题，不过那时的我只是一名顾客而已。大约在 10 年之后，我参加了一场 HOBONICHI 公司也有参加的活动，而且我还特地围上了 HOBONICHI 的护肚围产品。

在活动现场，我主动找他们公司的员工搭话，"你是 HOBONICHI 公司的员工吗？你看，我特别爱用你们公司的护肚围"。之后我和这些员工的关系越来越好，我还被邀请去他们公司玩，因此终于见到了糸井重里本人。

这次，我跟糸井重里聊起了我俩上次见面时的手账销售活动，结果没想到他竟然还记得我，"你就是当时的那位朋友吧？我有印象哦"。借此契机，我们聊得非常愉快。

顺便提一下，我前几天出演了糸井重里的视频节目《HOBONICHI 的学校》，还同他聊了差不多两小时，我们的关系变得更好了。

像我这样，想方设法地去认识自己的偶像，也是一个可行的方法。当然，还有许多方法可以认识自己理想中的人，接下来我再介绍另一个方法。

这个方法就是"这个人最期待别人做什么，我们就去做什么"，这也是我最推荐的方法。如果我们想认识的人是一位企业家，那么我们不要去使用他公司最受欢迎的产品，而要使用他目前最想推广的产品，让自己成为这款产品最早的用户。

我们要支持他最想成功的项目，成为这个项目最早的用户，然后作为粉丝持之以恒地予以支持。于是，我们便成了"一直支持到现在的珍贵粉丝"，而提供产品的公司可能会因此认识我们，甚至联系我们。

如果我们想认识的人是一名作家，那么"说自己喜欢他最有名的作品"很可能收效甚微，毕竟喜欢这部作品的人非常多。

但如果在这名作家开始写新的连载作品或出版新书之后，我们最早写读后感，然后不厌其烦地向身边的人推荐说这部作品非常有意思，还在网上到处发表自己的读后感，写书评。经过这一系列操作，我们就很有可能会被作家本人所认识。

毕竟新书难卖，更何况还想大卖。实际上，当我因为做漫画产品而需要认识漫画家和编辑时，我就在社交媒体上四处发布过类似的帖子。

因为漫画家和编辑几乎会读遍社交媒体上的所有读后感，所以他们自然会记住像我这样到处发帖的人。这样一来，他们可能就会关注我，甚至与我联系。

当然，这也有许多不同的情况。不过，我认为即使我们无法从正面解决问题，也可以站在其他角度思考如何构建环境并付诸行动。

变成你想认识的人的"客户"

当你想认识某个人或者想加入某个群体时，如果对方非常有名，那这件事的难度就相当高了。在这种情况下，想要成功还少不了运气。所以，正如我在前文中提到的那样，**"变成你想认识的人的客户"**不失为一种好办法，而且最好是成为支持这个人"目前为之努力的事情"的客户。

下面这篇报道曾引起大家的热议。

【堀江贵文非常不满意那些想"不花钱"就来见自己的人："只花 15 万日元就能和我一起吃饭"】

堀江贵文表示他在自己创建的美食软件"TERIYAKI"上发起了一项活动——每月限定 10 个人和自己一起吃饭。针对此活动的举办效果，他一竹竿打翻一船人地说道："每人只要花费 15 万日元，就不仅可以品尝到美味的高级寿司，而且可以与把这顿饭当作工作来认真对待的我近距离交流。可是即便如此，那些家伙还是不愿意掏这 15 万日元，他们真是太没有品位了。"

接着，他继续发表自己的观点："只要支付 15 万日元，你就是我的客户，你应该为此得意才对。我会把你当成客户对待，认真倾听你说话。而且，有些人在那顿饭后还能一直和我保持来往。如果你的问题用钱能解决，那这顿饭便是最轻松的方法。"

出处：《日刊体育》（Sponichi）

大多数人对这篇报道的看法是"即便见到堀江贵文本人也改变不了什么啊"或者"如果我有 15 万日元，那更应该用在其他事情上吧"。

的确，如果只是单纯想见堀江贵文一面或者想听他讲话，那么可能不会有什么收获。可是，世上也有很多人非常善于利用这样的机会。

对普通上班族而言，很难有机会向堀江贵文介绍自己公司的业务。

因为他太有名了，每天都有成千上万的人想请他指点迷津，所以就算通过社交媒体给他发送私信也会直接被无视。当然，也没有其他途径可以联系到他。

但是，如果有人愿意花 15 万日元跟堀江贵文一起吃顿寿司，那这人就成了一名"特殊客户"。而且堀江贵文基本不会表现出不友好的态度，因为如果他在饭桌上态度傲慢，以至于传出了"客户体验不好"的言论，那么这个活动今后恐怕就办不下去了。

其实我也参加过堀江贵文主办的类似活动，确实有种宾至如归的感觉。

我那次参加的活动是一个立餐酒会，堀江贵文一直在场内走动，以便大家可以随时与他交谈。活动期间，无论是向他介绍公司业务，还是向他咨询问题，他都会认真回答。

如果向堀江贵文咨询业务，没有几十万日元可不行。再说，若不是可靠渠道的介绍，他也不会接受个人咨询。所以，"花 15 万日元就可以获得堀江贵文的建议"给我的印象是这钱花得很值。

也许有人读到这里会觉得我是在替自己或堀江贵文宣传，但是我之所以举这个例子，主要是想告诉大家"成为对方目前大力推广的项目的客户，相当于卖给他一个人情"。

在很多情况下，知名人士或企业家发起类似活动是为了成功做好某个项目，所以把这种活动当成吸引客户的"赠品"。

因此，能够率先成为他们客户的人会很容易被他们记住，这就像卖给了他们一个人情。这可是千载难逢的"卖人情"的好机会，回报一般不菲。

哪怕钱不够多，只要在某个知名人士开启新项目时积极帮忙宣传，或者撰写支持这个项目的博文，然后主动参加这个项目的活动，便可达到效果。聪明人都通过这些方法去结识自己想认识的人。

我也经常举办这类活动，虽然完全明白这样说会被人理解为自说自话，但我认为举办方的建议也具有一定的参考价值，所以还是决定写到书里。

我在前文中分享了自己在大学时代去见系井重里的小故事，正因为当时系井重里刚好处于大力推广 HOBONICHI 手账的时期，所以他才会记住我。

怎样克服害怕被拒绝的心理

虽然我已经介绍了如何通过"第三道门"式的方法加入某个群体，不过我想要强调一下，**为了成为自己理想中的角色，即便我们想融入合适的环境，一般也不会太顺利。**

采用"第三道门"式的方法或许有用，但最后基本上还是会惨遭拒绝。怀着"无论如何都要加入这个群体"的想法，为之拼尽全力，结果却不尽如人意，这才是常态。

如果就此放弃，又会觉得非常可惜。我十分理解这种心灰意冷的心情，所以接下来，我想介绍"遭到多次拒绝后，我们应该如何应对"。

一言以蔽之，**以概率思维去思考，而不是个例思维**。

首先，要牢记一个大前提，即不要选择"在一棵树上吊死"。如果因为想成为孙正义那样的人，所以想加入孙正义所在的群体，那简直难如登天。

虽说也不是一点机会都没有，但这深受机遇和运气的影响。

求职面试也是一样的道理。有些公司今年招聘 300 人，而明年却只计划招聘 50 人，这种情况也极为常见。当然，当招聘人数越多时，我们就越有可能被录用，所以这已经不能归结于能力问题，纯粹是凭运气。

因此，当被一两家公司拒绝时，不要觉得这是因为自己的能力不行。只是被几家公司拒绝而已，根本谈不上到底是因为能力不行还是运气不好。

要想加入自己的目标群体，最好向 100 个目标发起挑战。也许挑战100 个目标后，其中 70 个杳无音信，另外 30 个给予回复，并且 10 个愿意见面，最后成功加入 1 个所在的群体。

不管是销售、求职还是恋爱，就算义无反顾地去争取，也常常会因为对方的原因而惨遭拒绝。如果把全部希望压在一个人身上，那么被他拒绝时就会备受打击。

然而，当我们联系 100 个目标对象后，则会养成用概率思维思考问题的习惯，"只要联系 100 个，基本上会有一两个成功"。

总而言之，明明知晓很可能会被拒绝，却还只联系几个目标对象，而当被他们拒绝时，必然会内心受创，所以最好养成用概率思维思考的习惯，多多联系其他目标。

快速加入群体的技巧

接下来，我再介绍一个有助于提高成功率、快速加入群体的技巧，即"以对方的需求为出发点，运用自身优势去争取机会"。

当你想加入某个群体时，尽管你放低姿态，抱着"我是来学习的"的态度，一般也很难成功融入其中。这是因为富有魅力的个人或群体会吸引很多人，我们只不过是沧海一粟。

对于那些富有魅力的公司，经常会有人毛遂自荐"我不要工资，请让我在这里工作吧"。其实这是最糟糕的请求，毕竟培训一个一窍不通的人需要花费巨大的成本，更何况这个人还不要工资，这完全是对自身工作不负责任的行为，简直糟糕透顶，甚至根本没有人会庆幸"多了个免费劳动力"。

所以，如果我们想要加入某个群体，最好创造出我们"占上风"的局面。

也许有些人会不自信，觉得"我并没有那么厉害，没有本事抢占上风"，然而事实并非如此。

例如，对方是40多岁的商务人士，而你只是一个学生，其实这就是一个优势，因为有些人到了40多岁的年纪，不仅会想去理解学生那颗年轻的心，而且还会想与年轻人平等交流。在他们看来，与年轻人相处是一件愉快的事，所以"年轻"这一点对你非常有利。

凭借"年轻"就占了上风，换言之，此刻学生这个身份具备价值；反之，如果对方现在才24岁，刚参加工作两年，那么学生这个身份对你来说就没什么价值了。

很多人在求职时会以"曾做过兼职或社团的负责人"为卖点，实际上，这些经历不太能俘获人心。毕竟每个人的经历都差不多，而且与职场上的领导能力相比，学生时代的领导经历根本不值一提。

所以，倒不如介绍"我参与过一个 Web3 项目，有机会与世界各地的人一起工作"。类似这种经历才能成为我们的优势，因为这会让对方产生"这个人好厉害，介绍的都是最新的技术，我也得抓紧学习才行"的危机感。

对于在日本企业只经历过领取工资这一种劳动报酬形式的人来说，这仿佛打开了一扇新世界的大门。仅就这一点而言，可以说学生已经获得了面试官的青睐。

在这方面，我认为更有效的方式是反推**"怎样才能比对方更具优势"**。

来到新环境要学会"先发制人"

在顺利加入某个群体后，如何让周围人为我们所用呢？

我的一个朋友年纪轻轻就继承了某家老字号企业。虽然他非常优秀，但公司里所有人都比他年长。于是，大家对他的印象就停留在了"一个既没经验又没业绩的继承人"。尽管并非所有人都不看好他，但的确有很多人都做着"一旦这位对公司一无所知的大少爷犯错，我就好好教训他"的准备。

他当时进退两难。一方面，很多人都对他不服气，认为"他是一个年轻精英，肯定会推动公司 IT 化、数字化，公司怎么可能受得了他这样瞎折腾"；但另一方面，他又必须顺应时代变化，推进公司内部改革。

然而，这位年轻的董事长只用了短短的几年时间，就推动了他所继承的企业飞速发展，让业界为之惊叹。当别人问他"你当时的处境那么艰难，你是怎么做到的呢？"时，他的答案是"我必须'先发制人'"。

这里的"先发制人"是指"哪一块的胜算相对比较大，就先赢得哪一块"。他的具体操作如下。

在他就任后的第一个月里，所有人都严阵以待，他们都在猜测"这个人准备搞什么名堂"。如果他在这时就直接抛出重磅消息——"我要大刀阔斧地改革，第一步就是所有工作流程必须 IT 化"，那么肯定会遭到公司内部的强烈反对。

因此，他首先推行了简单可行的改革，比如彻底执行"所有职工都要主动打招呼""每天都要打扫卫生"等事项。

这些事项执行一个月以后，大家纷纷议论"他来了以后公司变得明亮了""公司变得干净了，工作起来更舒服了"。这些虽然只是简单的小事，但让大家都真真切切地感受到了变化，可以说改革效果显著。

就这样，他先发制人，胜券在握。

在这之后，越来越多的人愿意相信他说的话，因为毕竟已经有成果摆在面前了。

在我们进入一个新的环境时，也可以灵活运用这种思维方式。比如跳槽到新公司后，如果一入职就放出"我要充分利用以往的工作经验，推动机构改革"的豪言壮语，那么势必会遭到强烈反对。但如果先切实有效地处理好那些容易解决的小问题，那么之后更棘手的问题也能迎刃而解。

比如说，我们可以帮助其他同事解决困扰他们的小问题、替他们处理那些简单又不太重要的工作等，也可以负责组织烦琐的团建活动……总之，就是要去做那些"自己做了就会有收获，别人也心生欢喜"的事，以至让同事感受到"幸好有他在，帮了我不少忙"。

　　像这样"把小事做得比谁都好"，以此不断积累自己的成果和同事的信任，结交越来越多的朋友。当把握多个小胜算，不断地赢得同事的信任后，再去考虑怎样获得更大的胜算，这样才有助于我们更好地融入新环境。

获得更多支持

　　此外，在新的环境中"获得更多支持"也是至关重要的。如果没有别人的支持，我们可能就无法继续奋斗下去。

　　改变现实环境固然重要，但是也有其局限性。

　　这是因为改变现实环境的前提是，要找到支持者。很多人在选择支持者时往往会考虑与自己关系好的人或身边的人，但实际上，得到他们支持的难度非常大。

　　毕竟他们对我们以前的情况了如指掌，所以当我们突然性情大变、开始做自己想做的事时，这些对我们知根知底的人只会大吃一惊，甚至还会说"你受什么刺激了？是不是被那些奇怪的书洗脑了？"之类的风凉话。

　　人们都倾向于维持现状，所以当自己亲近的人突然做出改变时，他们会感到非常不安。他们会希望对方也维持现状，所以"想得到身边人的支持"纯属天方夜谭。因此，**不如去寻求本就与我们不熟的人或陌生人的支持，这样反而更可行。**

　　而充分利用社交媒体是目前寻求陌生人支持最好的方法。在社交媒体上，我们可以认识那些距离自己很远的人，这类人的人数非常多，所以我们可以很容易地在其中找到与自己契合的人。

　　老实说，的确有极少数人可以在社交媒体上一口气涨粉几万乃至数十万，一跃成为风云人物，掌握流量密码。接下来，我会介绍一个涨粉的小技巧，我觉得只要利用这个方法，多少能提高一点涨粉的成功率。

不过，希望大家可以抱着"稍微涨一点粉丝、多一些支持者就足矣"的心态来看待。

社交媒体上涨粉的方法

社交媒体分为很多不同的类型，以文本为主的社交媒体相对容易操作，所以我就以它为例来展开说明。

该方法的基本方针是，将社交媒体上发布的信息分为 3 类：

① 资讯；
② 观点；
③ 日记。

① 资讯是指新闻报道、不为人知的新信息。这类信息的内容本身就很有价值，与信息来源没有太大关系。

② 观点是指就某个事件阐述个人观点的推文。类似"这部作品很有意思"或者"某某政权的问题就出在这里"都属于这一类。

③ 日记是指对自己的日常生活的记录和分享，比如"我今天吃了拉面"或"我好困"。

从结论上来说，建议在社交媒体发布信息时按照"1 → 2 → 3"的顺序。

如果粉丝数没有超过 1 万人，优先考虑发布资讯，其次再发表观点。等粉丝数差不多达到 10 万人之后，就可以考虑增加日记一类的信息了。

这样排序的理由非常简单，因为**"谁都不会去看陌生人的观点和日记"**。

互联网上充斥着大量类似的信息，我们几乎很难脱颖而出。相信你也不怎么看陌生人的观点和日记吧。

尽管如此，其实人们往往非常希望别人可以倾听自己的观点或阅读自己的日记，所以"供需"严重不平衡。特别是有些人在阅读本书时情绪高涨，会情不自禁地与他人分享"我就是这样的性格""我的人生就是这样的"。可现实却很残酷，大家根本不需要你的分享。

可能也有人会认为"只要发表自己的个人观点，也许就可以找到那些与自己观点相同的人"。这当然也是有可能的，不过，当这些人发现和我们的观点不一致时，便会毫不犹豫地转身而去。因此，如果一开始就抱着很强的功利心，那到头来可能会竹篮打水一场空。

还有一种极端的方法，就是发表过激言论或会破坏他人心情的观点以引发网友批判。据我观察，这类信息有超过 90% 的概率会被人忽视。但如果被人发现并炒出热度，我们也许可以由此出名。

然而这并非明智之举，因为我们为了保持热度，不得不继续发表过激言论、坚持片面的观点。因此，它存在剑走偏锋的风险，我们最终可能会因为发布了不正常的帖子而遭受全网的谩骂。

发布这类帖子的人基本都会摆出一副"我在发帖时是心里有数的，我很冷静，发布这样的帖子就是为了故意引发网友的热议"的模样，但在绝大多数情况下，很多人的心理在发帖时就已经变得不正常了。这类账户很难做得长久，我也见过好几个这样的人，所以并不推荐。

因此，建议大家在最开始专注于发布资讯。

发布什么样的信息

那么，要发布什么样的信息呢？我认为可以按本书下图中的先后顺序考虑所要发布的信息内容。

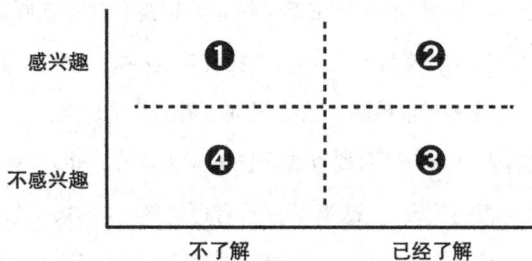

感兴趣　　❶　　　　　　❷

不感兴趣　　❹　　　　　　❸

不了解　　　　已经了解

最好的是①**"人人都感兴趣却还不了解的信息"**，这是无可非议的。其次是②**"人人都感兴趣并已经了解的信息"，其实这才是关键。**大多数人总认为"大家都不知道的信息才更有价值"而习惯性地去发布这类信息，但事实并非如此。

说到"大家既不感兴趣也不了解的信息"，"我爸在星巴克总是点最大杯的咖啡却每次都喝不完"就属于这一类。这种小事即使了解了也没什么用处，反而是"新款苹果手机很酷"这种大家已经了解但还是很感兴趣的信息更吸引人眼球。

希望大家能明白这一点。

至于具体要发布什么样的信息，下面我来介绍几个例子。

- 最新信息——新闻、实时信息。难度低、竞争大、速度定胜负。
- 网络上才有的外语信息——英语信息等。便于学外语，所以需求量很大。如果我们懂外语的话，这类信息的性价比就会很高了。
- 感同身受的信息——亲自跑一趟而得来的信息，例如参观环球影城时的现场报道。
- 化繁为简的解说——用通俗易懂的语言把大家都感兴趣但复杂难懂的内容讲清楚。

总而言之，要积极地发布适合我们自己的、我们有能力发布的、在网络上比较少见的有用信息。

此外，发布内容的主题最好保持一致。如果一会儿发布科技信息，一会儿发布柴犬信息或树木防虫信息，就很难得到关注了。

比起"发布什么样的帖子"的策划或想法，更重要的是先设想"发布什么样的帖子更合适"，接着在实际发布后认真观察其流量数据，同时确认哪类信息的反馈数据更好。

我们可以创建自己推文所属的类别，并用电子表格进行管理。在持续记录的过程中不断提高精确度，进而逐渐形成我们自己的特色。

如果粉丝数超过 1 万人

假如我们通过不断发布资讯，粉丝数真的涨到了 1 万以上，那之后应该做什么呢？

其实，粉丝数一旦超过 1 万人，之后操作起来就轻松了。简单来说，就是在推文中逐渐加入一些"观点"就可以了。

如果我们一直只发布资讯的话，很容易就变成一个新闻账号了，并不能给人留下印象。所以，为了突出个人风格，可以在发布资讯类的帖子时适当地穿插一些独有的个人观点，比如说"我认为是这样的"。这样一来，我们所发布的推文也就有了与众不同的个性。

等粉丝数涨到 10 万之后，就可以开始发布日记了。

这时候，即使发布的不是资讯或观点，而仅仅是类似"我吃了拉面"的帖子，也可以轻松获得 100 人点赞。如果能达到这个程度，那就已经相当厉害了。如果发展到了知名艺人这种级别，随便发布"早上好"三个字就可以轻而易举地获得 1000 人点赞。在这种情况下，无论发布什么内容都会有人回应了。

如果最终能让人萌生"我喜欢这个人"的想法，那么这个账号的表现就非常优异了。让我们朝着这样的目标继续努力吧！

社交媒体的简介应该怎么写

社交媒体的简介也很重要，我们需要根据各阶段的内容特点对其进行适当的修改。

毕竟，在主攻"资讯"的阶段，强调的是"发布什么样的信息"；等到了"日记"的阶段，则要突显个人特色。总之，我认为简介要贴合信息的特点，逐步做出适当的修改。

当然，除了修改简介本身以外，还必须判断所修改的内容是否合适。关于这方面，需要我们重点查看"推文印象"中"简介"一项的点击率，同时确认"点击过简介的人是否成了自己的新粉丝"，然后努力不断提高账号被网友关注的概率。

社交媒体涨粉的具体技巧

也许有人想了解涨粉的具体技巧，所以我简单地谈一谈。

① 疯狂点赞。一定要给提到自己的网友疯狂点赞，但没必要像对待垃圾邮件一样到处乱发。对那些提到或回复自己的网友，一定要给予回应，也可以偶尔对他们的推文发表评论。

② 无视批评。作为网民，难免遇到批评，但我们基本上可以选择无视它们。这些负面的评论本身无关痛痒，但若对它们做出回应，反而可能会给自己带来巨大的伤害。所以在我们习惯它们前，最好以平常心对待。

③ 不评判他人。无论对方是名人还是政治家，都不要随意去评判他人。尤其是当我们出于正义感想要发声时，更应谨慎为之。

前文概括了在社交媒体发帖需要注意的事项，具体的操作方法远不止这些，以上内容仅供大家参考。

正如"环境决定人"这句话所示，我们自己置身的环境会决定角色所发生的变化，进而我们的行为也会随之改变。

我们一般很难通过"第一道门"而融入自己理想中的环境，不妨让我们运用"第三道门"式的思维方法，闯出一片能让我们的角色熠熠生辉的天地。

另外，想方设法获得更多人的支持也非常重要。假如没能得到周围人的支持，我们将无法继续奋斗下去。

表达自我，结交朋友，让我们去构建一个能让自己的角色大放异彩的环境吧！

小结

步骤 4 的主要内容是找到理想角色所生活的环境并融入其中，进而使自己人生故事的角色形象变得更加立体，最终改变我们本身。

只要加入理想角色所在的群体，我们也会自然而然被同化。

本书介绍了许多思考方法和操作方法，我想应该没人会一一实践它们。所以，我只希望大家能认识到"原来还有改变环境这样戏剧性的方法"或者"那我就在力所能及的范围内做出尝试吧"，这样就足够了。

步骤 5

升级

推动人生
故事发展

行至此，我们只需借助角色推动人生故事发展即可。

在小说或漫画故事中，常用的桥段便是"主人公经历了各种各样的挑战，在成功和失败中不断成长"。

同理，我建议的做法是**"从故事的角度客观地审视自己的人生，从读者的角度选择有趣的活法"**。

这相当重要，因为人是有自我保护机制的动物，通常不喜欢挑战。

不论何人，在面对新的挑战时都会感到害怕。如果这挑战还伴随着风险，那恐惧感就会更强烈。因此，为了不去挑战，大家都会给自己找各种借口。

客观地审视自己，思考"如果是在故事中，什么样的情节才更精彩呢"，这是一个非常有效的方法。若依此，我们会经历越来越多的人生挑战，机会也就会纷至沓来。

我将这种方法称为"推动人生故事发展"。平淡的故事难以吸引读者，所以小说里的情节都是一波三折、滚动向前的。

在步骤 5 中，我将介绍推动人生故事发展的方法。第一步是为推动人生故事发展设定目标。

没有想做的事也可以设定目标吗

也许有人会气冲冲地反驳道："什么？不就是因为没有想做的事，才没办法设定目标吗？！"可是，这里所说的目标并不是那种远大的理想。

人只有设定了目标，才能有效地行动起来。因此，人们常说"定个目标"。但对于那些不知道自己想做什么的人而言，设定目标这件事本身就是一种痛苦。

　　所以本书建议：在设定目标之前，先塑造自己理想的角色。

　　大家想象一下应该就能明白，爬山最重要的是过程是否快乐，而是否爬到终点反而没那么重要。人生亦然，如果成功到达终点，但是整个过程非常不快，那就本末倒置了。对于人生而言，最重要的应是收获幸福，而非抵达终点。

　　我建议大家抱着"不断发展的故事才精彩"的心态对待人生，即比起要达到什么样的人生高度、选择什么样的人生终点，享受充实的人生过程才更重要。

　　不过还有一个现实问题：如果没有找到想爬的山峰，爬山也就无从谈起了。换言之，没有目标就很难展开行动。

　　在"故事思维"中，我们要设定的不是那种只有先找到想做的事才能设定的长远目标，而是具体的短期目标，从而充分利用目标的好处。

　　即便没有什么想做的事，尤其对于没有什么目标的人，设定类似"在今后 3 个月里能稍微看懂英语就好了"这样的小目标也是易如反掌的。

　　这种小目标只会占用比较短暂的时间，就算 3 个月后发现"早知道不学英语了，我应该去学编程的"，也不会产生浪费时间的感觉，而且还能规避"铆足劲思考自己到底想做什么事，却怎么也行动不起来"的风险。

　　为了设定这种短期目标，我们要先思考自己所塑造的角色处于什么样的状况中。所以从设想"名场面"开始，因为这是故事中的精彩片段。"目标"二字总会让人联想到终点，因此我才用"名场面"一词来形容。

如何设计人生中的"名场面"

设计名场面的规则大致如下：

① 选择定性目标；

② 生动地描写；

③ 记起来容易、讲起来顺口。

第一点中的"定性"是指"不要设定带有具体数字的目标"，比如"读 30 本书"便属于定量目标，所以就不合适了。

对于第二点，假如每每想起名场面都会感到欢呼雀跃，那就代表着旗开得胜了。但如果每次想起来都会感到闷闷不乐或者被一种使命感压得喘不过气来，那这种目标则毫无用处可言。让人热情高涨、积极行动的目标才是基本条件。

至于第三点，如果只有一个场景则很容易被人忘记，比如说"哎呀！具体是什么场景来着？"，那么这个场景很快就会失效了。因此，我们要尽可能设计出一个容易记住的场景。

制订行动计划

设计出名场面之后，接着就要制订出行动计划了。

关键是要将目标细化。

人往往倾向于维持现状。即便制定了新目标，其身心也还是抗拒的，因此目标总是难以实现。也许你会认为难以养成新习惯是因为自己意志薄弱或生性懒惰，然而，每个人都是如此，所以放轻松一点。

如何决定怎么做

举个例子，假设将"参加公司的新业务竞赛并获得第一名"设定为名场面。

但仅凭这点信息，我们根本无法得到具体的行动计划，接着马上又会陷入"虽然制定了目标，但不知道怎么做才好"的困境。所以，我们接下来要决定"怎么做"。如何决定怎么做？其诀窍可以分为战略、策略和战术三个方面。

话题到这里好像突然就变得深奥了，这三方面运用于企业经营中时另当别论，不过在人生中大致能够据此做出决策就足够了。下面我来简单介绍一下。

"战略"就是确定"朝着这个方向努力"。

"将资源集中投放在最有效的领域，从而取得巨大的成果"，这是公认的确定努力方向的好方法。就如"杠杆定理"一般，只要找到那个支点，然后倾注全力便可取得最好的成果。

"策略"大致是"将战略转化成具体行动"。我们常说的策划方案、工作计划、资源分配都属于这一方面。

最后是"战术"，这是指根据策略实施的具体任务或行动。

以前文的"参加公司新业务竞赛并获得第一名"这个名场面为例，我们的具体行动可参考下方。

战略——针对管理层最看重的领域，开拓回报率可能最高的业务并提交材料。

　　策略——在提交材料的 3 个月前，对管理层的想法展开彻底调查，确定具体方向。在此期间，就如何开拓新业务及如何撰写材料展开全面学习。在提交材料的 2 个月前，开始撰写材料。在提交材料的 1 个月前，拜托与管理层比较相熟的前辈帮自己检查材料，听取其反馈，据此修改后并提交。

　　战术——确认管理层在内部讲话或接受采访时的发言内容、阅读 5 本介绍如何开拓新业务的书……

　　在现实中，很多人只知道考虑"战术"。例如，明明与其他公司所处的行业完全不同，却打算"既然要开拓新业务，先去研究那些善于推出新业务的公司，看看他们有哪些业务，那不妨了解一下谷歌公司的所有业务吧"。忽略战略，直接着手战术，到头来只会是一场空。

　　先做好"选择最有效的领域，从战略上确定方向"这一环节，再落实到具体的任务上，这点非常关键。

　　虽然企业管理书中经常提到如何制定战略，但我们实际需要考虑的没有那么复杂，其关键就在于先找到"只要朝着自己选择的目标方向努力，就很有可能会成功"的领域，接着粗略地制订策划方案或工作计划，最后再确定一个个具体的任务。

　　绝大多数人都容易犯"从一个个具体的任务开始思考"的错误，其实，即便做不好也没关系，只要牢记"从制定战略开始"这关键一步即可。

将行动细化

　　决定了"怎么做"之后，终于要进入行动环节了。

　　大家一般都会在这个环节遭遇失败，想必大家都经历过"虽然制订了计划，却没有付诸行动"。总的来说，迈出第一步绝非易事。

　　因此，我们需要将行动进一步细化。

　　以前文的"阅读 5 本介绍如何开拓新业务的书"为例，如果你突然决定"读透一本书"，不仅会感到难度很大，而且会觉得很难执行。

　　所以可以将第一步换成"买书"之类的任务，尽可能地降低难度。相比于看书，买书相对容易得多。

　　如果连买书都觉得麻烦，那可以把第一步设定为一个更简单的任务。举个极端的例子，可以进一步将行动细化成：

- 拿起智能手机；
- 解锁屏幕；
- 在书评类网站搜索"新业务开拓书"；
- 阅读书评；
- 如果发现看起来不错的书，就去电商平台购买。

　　人在接触新事物时的确很难迈出第一步，所以尽可能地让第一步变得简单，会因此得到不容小觑的效果。

　　不可思议的是，不管任务大小，只要清单中的任务在不断减少，人就会获得成就感。明明只是买了一本书而已，却带给人一种进展顺利的感觉。从这个意义上说，细化行动起了很大的作用。

　　接着，等收到书后可以再对行动继续细化，比如分成"只看 1 个章节""每天只看 1 分钟"等多个简单易行的小任务，然后严格执行。当然，即使极端地将"把书翻开"设成任务也没问题。

　　之所以要做到这种程度，是因为"行动起来才有动力"。虽然人们总以为"有动力才能行动"，但事实上只有行动起来，才会产生动力。

　　我想大家应该都有这样的经历：在打扫卫生前，一点都不想行动，一旦开始打扫，却可以打扫很久。人在真正行动起来之前，一般都没什么干劲。

　　那么，怎样才能提起干劲呢？我认为可以"尽可能地迈出最初的一小步，然后行动起来"。只要行动起来，人自然而然就会提起干劲，总而言之，必须得迈出第一步。

　　行动起来的秘诀在于"5秒内开始行动"。比如说看书，把书放在随手就能拿到的桌子上，想看书时5秒内就可以开始。这样一来，行动的难度就会大幅下降。

　　反之，如果想戒烟或者想减肥，最好是拉长行动所需要的时间。比如，如果把香烟藏在家中比较隐蔽的地方，需要花5分钟才能找到，就会让人觉得很麻烦，因而选择放弃抽烟。

　　按照上述步骤，基本上可以完成"设计名场面，并付诸行动"这一环节。迈出推动人生故事发展的第一步相当不容易，但若反向思考，只要大致明确"故事情节朝着什么样的名场面发展"和"怎么做"，然后迈出第一步，剩下的路途便会轻松许多。

　　让我们迈开一小步，成功迈出第一步。

推动人生故事发展的 5 大技巧

　　在前文中，我围绕推动人生故事发展介绍了如何联想动人心魄的名场面、设定合适的目标等内容，可是终究没有解决"因害怕而不敢行动"

的问题。

一接触新事物就会感到恐惧、胆怯，这种情绪很难克服。

虽然眼下还没有克服恐惧心理的灵丹妙药，但有许多有助于"缓解恐惧或焦虑情绪，从而降低接触难度"的思维方式和其他方法。接下来我向大家介绍一下。

1. 将所有焦虑写在纸上

第一个技巧是"写日记"。

每天，最好在早晨，把自己的所思所想直接写下来。目标是写满 3 页 A4 纸，大概写 15 分钟。

大家通常不会将自己脑子里的信息和想法直接表达出来，即便打算在聊天或喝酒时一吐为快，也还是会根据聊天的对象相应地调整内容或加以润色。

可是，当我们在仅自己可见的笔记本上写下自己的想法时，可以一五一十地表达出来。更神奇的是，每天写满 3 页纸之后，脑子就变得空空如也，再也想不到任何可以写的内容了。

而且，只要我们写过一次就会发现，自己再也不会胡思乱想了，还可以客观地看待目前正在思考的问题。

比如把"想表白又不敢表白"的心情写出来："我虽然很想向她表白，但又不敢。如果被拒绝，我该怎么办呢？被拒绝以后我们还会见面、说话，那时候一定会很尴尬，光是想想我都觉得难受。虽然和她只做朋友我也很开心，假如能一直做朋友也挺不错的，可是如果以后有其他人表白成功，那她就会有男朋友了，一想到这个，我又会感到特别伤心。与其事后后悔，还不如现在就向她表白。如果决定表白，地点选在哪里比较好呢？如果邀请她出去约会的意图太明显，她会不会有预感我会向她表白呢？下不定决心就没办法进行下一步，但我又没有勇气向她表白。"

我们可以像这样没完没了地一直写下去。

在动笔之前，我们脑中会持续堆积很多信息，只有这些信息展现在眼前时，我们才会开始客观地面对它们，就仿佛在看别人的故事。

如果看完自己写的内容后萌生了"还是早点表白比较好，如果表白后被拒绝了，也许还可以遇见下一段恋爱，而一直不行动只会原地踏步"的想法，那我们就胜利了。

将自己的所思所想写在纸上，不仅可以使我们客观地面对这些信息，还可以让自己停止胡思乱想。

人们总是会胡思乱想，这样很容易就会陷入自己的情绪中，好像发生了什么天大的事。如果把这些情绪写在纸上，我们便能从胡思乱想的怪圈中跳脱出来，头脑也会变得清醒起来。

可能有人认为将自己的想法记在计算机或手机上也行，不过就我个人的经验而言，那样不如写在纸上的效果好，我在前文中已经介绍了相关做法。

使用电子设备的效果不好或许是因为电子设备操作起来太快，我们无法从中体会到从大脑中输出思考结果的感觉。

2. 假装发邮件给自己尊敬的人，寻求他的建议

还有一个类似的技巧，即"假装发邮件给某个人，寻求他的建议（但实则不发送）"。我们可以将邮件发给任何人，不过最好是发给自己的恩师或尊敬的人，向他们详细地说明自己的情况，请求他们予以帮助。

我们必须在邮件中客观且言简意赅地介绍自己的近况，因为这样会让我们非常认真地输出思考结果。当我们在发邮件之前再读一遍所写内容时，可能就会发现"原来我在为这种小事而烦恼呀"。

不管是第一个技巧中的"写日记"还是此技巧中的"给自己尊敬的人写邮件"，两者都是以写文章的方式来呈现大脑中的思考结果，然后通过阅读文章来客观地看待这些问题，这样会更容易推动人生故事发展。

就前文表白的例子而言，如果你给自己设定的是勇于挑战的角色，那么你肯定会选择"不惧失败，表白了再说"；但若是关心对方感受的贴心角色，那么你也许会认为"虽然反复写了我想向她表白，但也不能不考虑对方的感受"。

当然，这些并不能让我们马上做出符合角色性格的行为，但只要能向前迈出一步就已然不错了。即使只是冒出"以我的性格，应该会勇敢地去表白吧"的想法，也算是已经在向行动靠近了。在这个节点，我们可以将其理解成"已经向前迈出了一大步"。

3. 不要光想不练

"无法主动推动故事向前发展"的人都有一个特征，即过度重视自己目前的想法，因而行动不起来。

当我们想推动故事发展时，一般会抱有某种想法，例如"我想开展这类业务"，或者"我想去英语培训班学习英语"，等等。但是，如果我们只停留在"想"的层面上，慢慢地也就不想去"做"了。

而且在绝大多数情况下，我们的想法都比较平庸。比如我在与他人商谈业务计划时，经常听对方提到"我有一个想法至今还未付诸行动"。结果听他们说完，我发现对方的想法根本不是什么特别了不起的想法，不是"这种想法已经存在了"，就是"这点不可行，我认为不会成功"。

准确地说，想法本身几乎毫无价值，执行力才是最重要的。在 2010 年前后的互联网创业领域，许多人都注意到市场上可能将出现类似 LINE①的通信软件。虽然大家都在开发类似 LINE 那样的通信软件，但最终成功的只有 LINE。

换言之，只有被正确地执行了的想法才有意义，而且即使被正确地执行了，其中 99% 的人也还是不会成功。

对那些做不到为推进故事发展而行动的人而言，当他冒出好的想法时，就会把这个想法当成宝，或者说太过爱惜这个想法了。然而，那些实际上会付诸行动的人一般会拥有许多想法，有的想法他们会落实到行动上，而有的想法他们会马上舍弃。

拥有许多想法的人往往不会拘泥于某一个想法。想要养成这种行为模式，关键在于不要光想不练。

我曾听广告代理公司的员工说过，他们公司最有趣的培训内容就是"要求应届生每天拼尽全力地写大量的策划书"。然后在当天下班时用尺子测量策划书叠起来的高度。他们会评价"高度"如何，却完全不看策划书的"内容"。

我认为这样的培训方式非常不错，毕竟应届生的创意有 99% 都是"垃圾"，想测试他们的实力，不如直接看他们在拼尽全力的状态下可以创作出多少他们自己觉得有趣的策划书。

假如一天能够创作 30 个策划书，那么 5 天就有 150 个，1 个月就有 900 个（按每月 30 天计算）。数量如此之多，其中很有可能会包含既有趣又有用的策划。也就是说，将一个想法视如珍宝几乎毫无意义。

---

① LINE 类似国内的微信，是一款在日本非常受欢迎的即时通信应用，尤其受年轻人喜欢。——编者注

我曾经在某本书上看过一个试验：将美术大学的学生分成两组，分别要求他们"只创作一副好作品"和"不管质量如何，尽量多地创作作品"，最后把这两组的作品拿去售卖，结果会怎么样呢？最终好像是创作更多作品的那组卖出了更高的价格。

人们常说"质量互变"，这就是量变引起了质变。**与其只守着一个想法，不如多做尝试。**

而新手更需要多做尝试，"明明还是一个新手，却从一开始就致力于提升质量"，由此导致的失败真的是司空见惯了。

如果在新手阶段就过于注重质量和细节，那么会造成迟迟行动不起来。即使最后付诸行动了，也仍会牵挂着质量问题。总之，这对新手来说成本太高了。

一位漫画家曾说："当不了漫画家的那类人通常都抱着'等自己画技精进后再开始画漫画'的想法。"

还有一些人即便决定要画漫画，也几乎坚持不到画完就停笔了。画得再差也要画完，这才是最重要的。可是，大多数人都做不到这点。

在我看来，之所以会出现这种情况，是因为他们从一开始就想追求完美，毕竟每个人都想展现出自己最优秀的一面。

这是理所当然的，人们都希望自己在别人的眼里是优秀的，谁都不想出丑，也不愿意被别人认为"很差劲"。所以我们用心构思，想创作出好作品，这很正常。所以，新手中通常很少有很快就能创作出好作品的。

就像"第一次打棒球的人都希望能在第一棒就打出全垒打"一样，几乎所有人都会想着"正式比赛前先好好练习吧"。但是，如果不真正站到赛场的击球区，纵然一个劲儿地练习如何挥棒，也终会面临成长中的局限。

同理，守着一个想法，对其精益求精以期呈现出其最完美的状态，这需要耗费很长的时间和很高的成本。"耗费了巨大的成本却没能取得一点点成果，最终只能无奈放弃"，这是我们最应该避免的情况。

堀江贵文曾经讲过一件非常有趣的小事，别人问他为什么每周都可以写出那么多电子杂志，他的回答是"写完才能站起来，这不就好了吗"。

这虽然听着像是玩笑话，却是相当实用的建议。因为当我们决定这么做时，就会要求自己必须花 30 分钟或 1 个小时持续写出自己能写的内容。不过，这自然得以牺牲"完美"为代价。

像这样绞尽脑汁写出文章，并强迫自己每天坚持投稿，不仅可以提高自己的写作能力，而且还可以通过客户的反馈逐渐明白写什么内容更好，以此更准确地抓住客户的需求。

如果我们总是敝帚自珍，就会在不知不觉间失去行动起来的动力，行动量也会随之降低。因此，请大家务必牢记：千万"不要光想不练"。

4. 区分"判断"和"决策"

大家可以解释"判断"和"决策"这两个词的不同吗？

事实上，我们经常把它们混为一谈，因而导致行动力变差。

例如，在需要进行判断时，却急于"必须做出决定"，即做了决策；反之，在需要进行决策时，却想着"听取或调查多方意见后再做决定"，即做了判断。

那么，两者之间到底有何不同呢？简单来说，判断是指"在到处收集信息、进行逻辑思考、选定标准之后再做决定"；而决策则是指"果断地决定要做的事"。

更具体一点，"判断"是"收集用以判断的材料—分辨真假和是非—确定自己的想法"的过程；而"决策"则在果断做出决定后便结束了，它与材料的有无及真假毫无关系。

换言之，"判断"需要根据材料来分辨真假或是非，而"决策"的性质完全不同。

当某人肚子饿得咕咕叫时，刚好看到旁边的地上长着蘑菇，通过观察蘑菇的形状和闻过气味后，他得出了自己的意见——"可以吃"，这就是"判断"。而若是他认为"我肚子饿了，所以我要吃了这朵蘑菇"，这属于"决策"。

需要进行"判断"的是"只要判断标准相同，所有人很可能会得出相同的结论"的情况。比如，只要对眼前这朵蘑菇进行研究，就能知道它能不能吃，因此也可以做出"如果有毒就不吃"的判断。简言之，只要收集到足够的信息或数据，就可以做出相应的决定。

反之，需要进行"决策"的是"即便收集了足够的数据或意见，判断也会出现分歧"的情况，比如"是跳槽呢，还是留在现在这家公司继续干呢？"。对于这种情形，大家就见仁见智了，向不同的人询问意见，得到的答案也会不尽相同。

无论做出何种选择，都会带来各种利弊。即使是排列一组数据，也会因为侧重点有所不同而影响最终的结论。如果不做出决策，根据侧重点依次排序，那么就无法继续前进。不管怎样，人生由自己负责，所以最终还是必须得由自己来做决定。

绝大多数人总是会犯"花大量的时间做判断，却一直犹豫不决、原地踏步"的错误，这是最糟糕的情况。"一直在做决策，做出的决策却是'不做判断'"，这种状态称得上"一直在做最差的决策"。

认真收集用以决策的材料并非坏事，但花了大量的时间收集材料，有用材料的数量没怎么增加，也算不上好事。

在这种情形下，最好给收集数据或意见要花费的时间设置一个上限，比如 1 周。如果打算跳槽，那么就在这 1 周内研判所有的利弊，有多少就罗列多少，然后再向大概 5 个可信的人征询意见。至此，我们便迎来了必须得做出决策的时刻。

大部分情况适用"决策要趁早"。因为无论是用 1 秒做出决定还是用 1 小时做出决定，结果基本都不会有太大的变化。

在大多数时候，当机立断更有利。当然，我们有时也会因为顾虑"等一等，情况也许有变"，推迟做出决策。但我们不可能永远等下去，所以基本上还是得"当机立断"。

想必也有很多人觉得"话虽如此，但我还是很害怕当机立断"，那不妨让我们来了解亚马逊公司创始人杰夫·贝佐斯的决策方法论——将决策分成两种类型，再根据结果是否可逆做出相应的决定。

杰夫·贝佐斯在 2016 年写给股东的信中提到如下内容。

Ⅰ型决策：不变的、不可逆的决策，就像一扇单向通行的门。这类决策必须经过深思熟虑与多次磋商，然后谨慎、缓慢地推进。

Ⅱ型决策：可变的、可逆的决策，就像一扇双向通行的门。拥有决策权的高管或者小组织应当快速做出这类决策。

对于Ⅱ型决策，最好当机立断，因为一边做一边收集到正确数据的可能性会大幅提高。

如果要做Ⅰ型决策，那么在做决策前收集材料时，就不得不依赖

"别人整理过的数据"。当然，如果可以利用自己收集到的数据会更好，这就要求我们在面对那些必须做Ⅱ型决策的情况时，最好当机立断。

我个人认为，与其说Ⅰ型决策是"谨慎决策"，不如将其理解为"风险管理"。关于风险管理，我稍后再进行解释。

研判决策可能带来的风险，将这些风险因素列成一览表，然后思考相应的对策。就前文蘑菇的例子而言，我们可以列出"准备好水，如果是毒蘑菇，就马上吐出来并漱口""准备好可以用作解药的东西，以应对吃完蘑菇后出现问题"等。

风险本就不可避免，但是可以对其进行"管理"。风险管理的具体内容在"5. 制作'风险管理表'"中再展开说明。

我在前文中介绍了《编剧备忘录：故事结构和角色的秘密》一书，书中提到了一些有趣的内容，如"故事中的'场景'是指什么？"。我们通常认为场景就是"场面"的意思，而该书却提供了一个有趣的想法。

该书提到，"场景"是"交易场所"，不仅仅是金钱交易，还是角色之间谋求政治利益、权力结构变迁等交易的场所。等到交易结束、新的协议达成时，这个场景才算结束。

在英语中，"deal"是日常生活中常用的词语，比如"Great deal"（划算）或者"It's not a big deal."（没什么大不了的）。

另外，这里所说的"场景即交易场所"感觉就像是"对某个问题做出某个决定时，情况就会发生改变，而这个改变的瞬间就被定义为一个场景"。

从广义上讲，以"交易"为单位对所有场景进行有效的划分，有助于加快决策的速度。如果一直做不出决策，也就意味着场景时间过长，从而会导致故事情节变得拖沓。

如果以"场景"为单位来思考人生，那么可以帮助我们意识到"这个场景太长了，差不多该换个场景了"，因此能够更快地做出决策。

当面临"无法推动人生故事发展""想摆脱现状"等状况时，我们可以尝试用"场景"将人生划分成多个阶段。

不需要非用"跳槽""创业"等人生大事将人生划分成几个重大的阶段，心态或境遇上的细小变化也可以用来划分人生，我们的故事也会因此向前发展。

"判断"和"决策"之所以难以分辨，是因为两者最终都必须做出"决定"。有的人在需要"判断"时却做了"决策"，有的人则在需要"决策"时却做了"判断"，他们询问了无数人的意见，结果又因众说纷纭而陷入了迷茫之中，导致直到最后也无法做出决定。对于这类人，我建议他们要先认清"判断"和"决策"的不同之处。

5. 制作"风险管理表"

在推动人生故事发展时，有许多人只会考虑将要遇到的是大挑战还是小挑战，结果却因此陷入了"风险太高，无法完成"的情绪里。如果面临的是"跳槽"或"创业"这样的挑战，绝对会伴随着巨大的风险。

在这种情况下，大家可以尝试制作"风险管理表"。

提到"风险"，我们总是关注"承担或不承担"风险，然而事实并非如此。**"管理或不管理"风险，才更重要。**

假设我们去山上时，会面临"被毒蛇咬"的风险。当然，我们也可以选择"既然如此，那就不去山上了"。

但是，"风险管理"是指事先就想好了对策，比如"随身携带被毒蛇咬后用于治疗的解药""提前将附近医疗机构的联系方式存入手机通讯录"等，研判风险，同时付诸行动。研判所有风险，然后提前想好规避风险的方法和应对风险的对策，如果做好这两手准备，就可以避免出现因害怕风险而放弃行动的情况。

在进行风险管理时，先要研判所有可能发生的风险。比如打算创业，那就逐条列出相应的风险，比如说"没有收入""家人反对"等。

接下来，再考虑规避风险的方法和应对风险的对策。针对"没有收入"这一风险，我们可以列出"锁定潜在客户，等营业额能在半年内保持稳定后再创业""存款用光就继续回去上班，因此事先找好随时可以回去上班的公司"等对策。

如果因为担心"创业后没有收入怎么办"而停下脚步，就会变成一味地思考要不要承担风险，而迟迟行动不起来。这样一来，要不要创业就会变成敢不敢承担风险的问题，敢于承担风险就去创业，不敢则果断放弃。

但是，如果我们能对风险进行有效的管理，就可以把控自己能够承受的风险水平，即明白"这种程度的风险是可以接受的"。正因为有风险，才更有利于发起挑战。

举个简单的例子。

想做的事

- 从事自由职业

可能出现的风险

- 收入不稳定，付款延迟
- 与客户发生矛盾，因此失去业务、没了收入

- 无法自我管理，工作停滞不前
- 独自工作，内心孤独，进而出现心理问题

规避风险的方法
- 存够未来两年的生活费后再自立门户
- 在步入正轨前，一边上班，一边做副业
- 与多个客户同时合作，这样哪怕失去其中一个也不至于担惊受怕
- 找好随时可以回去上班的公司
- 找到同为自由职业者的伙伴，相互关心身体和心理状况

应对风险的对策
- 事先与家人商量好，到时回老家生活一段时间
- 查找口碑不错的心理诊所

另一方面，我也想介绍一下以"敢不敢承担风险"为行动基准的模式。如果不考虑敢不敢承担风险，后果会不堪设想。

无论人生还是工作，总是顺风顺水的人都有一个共同特征，即"绝不孤注一掷"。

那些勇于挑战的人也会面临"凡事不到最后一刻，绝不行动，等到最后实在没办法了，才不情不愿地开始行动起来"的情形。

比如，有的人想创业却迟迟不行动，只好决定"这样下去永远都不可能出去创业，所以明天我就辞职，逼自己一把"。

在决定是否开始某项重大行动时，许多人仅考虑"敢不敢承担风险"的问题，因而难以鼓起"敢承担风险"的勇气付诸行动。虽然偶尔

也会有人获得成功，但在大多数情况下，这些人只要受挫一次便会陷入恶性循环，最后变得越发孤注一掷。

比如我们逼自己创业时，可能会面临这样的情况：我已经辞职了，不过正式成立公司并且开始盈利需要 3 个月，截至目前，我的存款已经减少了 100 万日元，剩余的存款也只能撑 3 个月，所以我必须赶紧找到那些可以赚钱的项目。

毋庸置疑，在创立公司 3 个月后就找到一个可以盈利的项目，其难度相当大。假设项目进展极其顺利，用 1 个月开发某款产品，再用 1 个月进行营销，就算商品非常畅销，最快也要等到第三个月才可能开始盈利。

但如果用 1 个月开发某款产品，结果销量不佳，那么便陷入了困局。到了这一步，已经算是走到了一种"孤注一掷"的境地。

再假设营销 1 个月后，发现历时 1 个月开发的产品根本卖不出去，而且时间也仅剩 1 个月了，此时就不得不在这条路上继续孤注一掷了，比如"贷款 1000 万日元，以此作为本钱开发新的产品"。

如果新开发的产品还是卖出不去，那么后果就不堪设想了，因为这次还背上了 1000 万日元的债务。

于是，我们必然会思考如何绝地反击，于是决定"拿出 500 万日元拍摄宣传产品的广告"……没想到最终越陷越深。

当我们被逼得走投无路时，我们会变得越发孤注一掷，不能理性地面对挑战，最终失败时还会遭受重创。

换句话说，**当我们走到"只能孤注一掷"的境地时，就已经算是彻底失败了。**

然而，成功人士从一开始便会进行风险管理，他们要么摆出绝对不会失败的架势，要么即使失败也能将损失降至最低水平。

比如当他们开启某个项目时，会进行风险评估，如"即使失败，也要把损失控制在 1000 万日元以内，目前拥有 1 亿日元现金，所以不会对公司造成影响"；或者不断进行调整，如"预算是 3000 万日元，不过这 3000 万日元已经有望收回了。所以即使这次大败，抵消后相当于零损失，最后只不过花了些人工成本而已"。

"创业并成立公司，在公司成立后的半年内，可以依靠公司的收入勉强生活。即使 1 年后创业失败，也可以重新回到目前就职的公司上班"，在现实生活中，的确有人会抱着这样的态度提出辞职。

也许你会感到意外，但实际上不管是成功者还是失败者，他们创业的成功率并没有多大差别。因为创业成功与否不完全取决于个人能力的高低，还会受运气和社会趋势等诸多因素的影响。

但是，不同创业者失败的程度截然不同。有些人不知道如何正确面对失败，他们往往在经历一次失败后便会元气大伤，很难重整旗鼓；而有些人却能正视失败并从中汲取教训，他们懂得如何建立"长效机制"，让自己砥砺前行。

因此，请大家务必牢记：当我们想对某件事发起挑战时，必须要在自己可承受的风险范围内进行，否则就会跌入失败的深渊。

失败让故事更精彩

最后，我们再来谈谈失败。在我们推动人生故事发展的过程中，肯定会存在风险，当然也就会遭遇失败。

失败给人们的印象是"减分项"，绝大多数人都不想经历失败，但对故事而言，失败是"加分项"。

故事的主人公永远不会失败，可这未必是一件好事。正是经历了失败或挫折，角色形象才会更具魅力。对故事而言，失败并不是百无一用的。

很多人会感到不安，担心自己失败后会被人嘲笑，沦为别人的谈资。

也许是出于人的本能，聊八卦的确在人际沟通中占据了很大比例。我曾经看过一个调查结果，英国人类学家罗宾·邓巴表示，"在人际交流中，70% 的内容可以归为八卦"。

我对艺人的出轨绯闻不感兴趣，但我喜欢笑话，所以我的新闻通知栏经常会推送"搞笑艺人讲了这样的笑话"或者"他们以前有过这样的经历"之类的文章。

每次看到这样的推送，我都会情不自禁地点开。果然，如果对一个人感兴趣的话，即便是关于他的八卦，人们也会关心。

人们喜欢聊八卦。当我们埋头苦干时，很多人会在一旁发表评论，而这些评论会以八卦的形式流传开来，比如"那个人现在事业有成""那个人已经江郎才尽了"。

以往每当听到有关自己的八卦时，我都会非常在意，但在互联网行业工作了 20 余年，我发现从八卦中听到的别人的评论其实极不靠谱，即使听了也毫无用处，所以根本不必在意。

有些人看到"某人卖掉了自己创立的公司，然后去周游世界了"的消息，便带着讽刺的口吻评论道："那个人已经放弃挑战了。"可是，遭受讽刺的当事人在几年后再次创业，并取得了更大的成就。

我有一位运营匿名留言板的朋友，他已经好几年都没有推出留言板的新功能了，所以也被人评论说"江郎才尽了"。然而，他最近在油管上爆火，甚至经常出现在电视上，总之非常出名。

放眼周围，类似的例子不胜枚举。

喜欢评价别人的人，往往喜欢以"点"论人。因为我们生活在同一个时代，所以常常会误以为"现在"即"终点"。可是，如果要客观全面地评价一个人的人生，应该在"线"的维度上观人。

现在的我们在看到"史蒂夫·乔布斯被他自己创办的苹果公司扫地出门"这个"点"时，绝对不会发表"他的人生完蛋了"的评论。他的一生已经定格，我们可以在"线"的维度上去评论他的人生了。

相反，有些人即便现在得到了高度评价，然而不久每况愈下，跌入低谷；有些人则会平步青云，走上巅峰。甚至还有些人在去世许久后，人们对他的评价才发生转变。

如果在"线"的维度上观人，像史蒂夫·乔布斯被苹果公司扫地出门这样的失败经历，也会变成丰富他人生故事的要素。

在社交媒体时代，连失败都成了可公之于众的"内容"。不过，分享失败的人更容易得到别人的鼓励，甚至还能吸引来朋友或换来金钱。

我开设了一个名为"alu 开发工作室"的付费会员制平台，每天都在平台上发布有关公司经营或失败经历的文章，其中失败经历明显更受欢迎。从这个角度来看，我甚至觉得"失败是福，多多益善"了。

我个人投资了许多初创企业，其中，纠纷越多的初创公司越能引起股东的关注。乃至纠纷越稀奇，股东们就越起劲，比如说"不好意思，员工把银行卡弄丢了，公司账户因此被盗走了好几百万日元""我们被坏人盯上了"。

总之，希望大家能够明白：**在推动人生故事发展时，失败绝不是减分项。**

小结

步骤 5 主要讲了如何推动人生故事发展。

"故事思维"非常重视"过程更重要"的想法。虽说目标和想做的事也很重要，但拥有目标的人本身并不多。

因此，我们并不需要设定什么远大的目标。先想象能让自己欢呼雀跃的名场面，再设定一些小的行动目标，真实地还原想象中的场景。与其朝着某个远大的目标奋勇拼搏，不如在我们的人生中打造出无数个名场面，以此丰富我们的人生故事。

最后，我们的故事终于迎来了尾声。

[任务表 ⑧]

选择一个名场面，

将动作细化成多个部分

[任务表 ⑨]

继续将动作分成多个小步骤

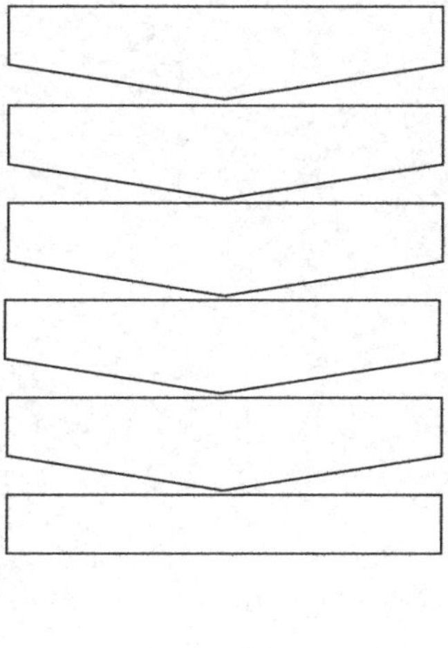

[**任务表 ⑩**]

将你心中的想法和焦虑一五一十地记录下来

[任务表 ⑪]

制作"风险管理表"

你做的事是什么？

可能会存在什么样的风险？

规避风险的方法有哪些？

应对风险的对策有哪些？

升级

故事
没有结局

综上所述，我想通过本书向大家传递的信息，基本上已经讲完了。

结尾部分我将介绍为什么"找到想做的事""制定并执行职业规划"等方法会行不通，同时对本书的要点进行回顾。

本书将内容分为 5 个步骤：

① 打开限制自身的枷锁；

② 给自己塑造理想的角色；

③ 让角色实际行动起来；

④ 构建角色生活的环境；

⑤ 借助角色"推动人生故事发展"。

这些步骤可以简单概括为：**确认我们自己将来想成为的样子，塑造最接近、最符合这个样子的角色，借助这个角色的身份付诸行动。**

这种做法与一般的做法即"反思并分析过往人生，思考我们现在可以做什么及想做什么，以此制订人生计划"大相径庭。

为什么以往的做法会行不通

在规划我们的人生时，"先分析自己喜欢什么或想做什么，再制定职业规划"的做法乍一看似乎挺不错。相信大家都曾经在求职时进行过自我分析——回顾以前的自己，充分了解自己的兴趣爱好、想做的事以及特长。

可是，当许多人打算采用这种方法规划自己的人生时，却苦恼于"想不到想做的事""不知道自己有什么特长""想不出职业规划"，而最终停滞不前。简言之，有非常多的人在进行过自我分析后，却仍不知道自己到底想做什么。

所以，为了能通俗易懂地说明"为什么以往的做法会行不通"，下面我们来聊一聊"如何创作漫画故事"。

在没有画过漫画的人的眼中，漫画故事的创作可能是先有故事情节，然后再根据情节来塑造相符的角色，而且故事的结局已经事先设计完毕，走向结局的流程也已经确定，而流程由角色来完成。

实际上，在漫画故事中，根据角色特点来设计故事情节的情况非常多。当然，提前设计好故事情节的情况通常占了大多数，但即便如此，"角色自由发挥，故事朝预想之外的方向发展"的情况也屡见不鲜。

由于工作关系，我曾经接触过一些专业画漫画的人士，他们中有许多人都提到了"创作漫画时，比起精心设计故事情节，塑造一个好角色更为重要"。当然，故事情节和作画也非常重要，他们中也有人提到了漫画创作的其他技巧和看法，但没有一个人认为"角色塑造不重要"。

某位漫画家甚至表示，"只要塑造好角色，自然而然便能设计出角色之间的对话和行动"。也就是说，角色之间会擦出什么样的火花，只有实际画了才会知道。情节当然是由故事的作者来描写的，但是按照这位漫画家的说法，情节更像是角色自由发挥的结果。

我还听说过一个小插曲：漫画家明明已经设计好情节了，可角色却随心所欲，完全不按套路出牌，漫画家只好一边生气一边画。

我个人认为，创作故事最重要的就是"如何塑造角色"。

所以，那些想要"找到想做的事"或"制定并执行职业规划"却怎么也行不通的人，他们的根本问题在于"对自己的角色定位没有准确的认知"。假如我们塑造的角色个性鲜明且富有魅力，那么想必我们不费吹灰之力便可找到自己想做的事了。

我们偶尔会看到一些人在年轻时就确定了自己想做的事，然后一往无前地朝着目标前进，这些人基本上都已经塑造出了非常立体的角色。我们甚至可以认为，正因为拥有了立体的角色，所以他们的行动自然也就水到渠成了。

正如前文所说，如何让人生更精彩，最有效的方法便是"塑造最适合朝着理想状态奋进的角色，然后借助这个角色的身份付诸行动"。

人生在世，无法预知未来

我们进一步思考就会发现，现实人生与虚构故事截然不同，因为人生在世，很难预料未来将会发生什么。不管在哪个时代，不论是什么样的天才，都无法预知未来。

比如，如果生于明治维新时期的人能活到100多岁，那么他们一定会目睹日本从武士梳着月代头的时代到在第二次世界大战中战败，随后迎来战后经济的高速增长，成为全球第二经济大国。这样的人生怎么可能预料得到呢？

当今的时代更是日新月异，科技的发展速度根本难以预料。生活在当下的我们也很难进行职业规划，因为就算我们殚精竭虑地规划出来，按部就班的可能性也极低。

就我个人的经验而言，我在上初中时完全想象不到自己将来会从事互联网行业的工作，甚至当时都还不存在互联网行业。我大学毕业踏入社会后，也预料不到自己会在10年后从事开发手机软件的工作，毕竟当时几乎没有人使用智能手机。再后来，我也根本想不到自己会在10年后推出使用人工智能技术的业务。

不过 10 年时间，谁都无法料到当时不存在的事物竟然会成为自己将来的工作内容。

然而，如果从自己将来想成为的样子反推，塑造出一个富有魅力的角色，那么无论面临什么状况，我们都能为成为自己想成为的样子而采取相应的行动。比如像织田信长这样的改革派，如果他生活在当今时代，会如何行动呢？关于这点，我们不难想象出他不仅会充分利用人工智能等现代科学技术，义无反顾地朝着自己的目标奋勇前进，而且还会摆脱常识的束缚，发掘出全新的用法。

即使我们制定了目标或职业规划，未来也会碰到许许多多意料之外的事，所以这些为规划而付出的努力在很多时候都只是无用功。但是，只要我们塑造好角色，不论将来会发生什么事，我们都可以从容应对。

塑造角色的好处在于"保持客观"

塑造角色还有另一大好处，即可以客观地看待自己。

我们可以适当地把自己的事当成别人的事，这有助于我们摆脱迷茫和焦虑。

在遇到与自己相关的事时，几乎所有人都会变得非常谨慎。这是因为我们过于看重自己，并且本能地想保护自己以远离危险。正因如此，我们既决定不了"我们自己想做的事"，也很难制定职业规划。同时，我们还会陷入一怪圈——焦虑会导致谨慎，谨慎会导致行为变得古怪，而行为古怪会导致人生变得不顺遂。即便我们读了那些鼓励我们要敢于行动的成功励志书，也很难马上改变自己故步自封的行为。

如果我们能够通过思考"若是这个角色，他会怎么做呢"来客观地看待自己，那么就可以学会正确地认识自我，得出"这个家伙会这么做吧"的答案。"如果是某人的话，他应该会这么做吧"，像这样站在他人的立场来思考自己所遇的问题，会让我们自己变得无比轻松。当我们在看电影或读漫画时，常常会非常轻松自然地产生"这么做不就好了"的想法。同理，我们只要学会客观地看待自己的角色就可以了。

为什么不是"角色思维"，而是"故事思维"

读到这里，大家也许会感到疑惑：既然角色这么重要，那这本书为什么不叫《角色思维》呢？但是，我如此执着于"故事"二字，其实有我自己的理由——我认为，人可以通过故事思维最大限度地改变自己的思维和行为方式。

《讲故事的动物：故事造就人类社会》一书中指出，"讲故事是影响他人内心唯一且最厉害的手段"。在书中，作者阐述了"沟通的目的是让对方接受我们自己的想法"这一宗旨，其中，讲故事会给人的思维和行为方式带来巨大的影响。

既然讲故事最能影响人的思维和行为方式，那么只要将其用在我们自己身上，就可以引导我们的人生朝着更好的方向发展。因此。重要的不是彻底代入角色，而是要去把握角色的人生故事。

很多人所选择的"进行自我分析，寻找自己想做的事，制定职业规划"，其实是在过去的延长线上思考他们自己的故事。因为我们之前在过这样的人生，所以预测今后也会继续过这样的人生。

但是，本书也曾提过，过去对现在的我们没有那么大的影响，反而是基于"将来我们想成为的样子"可以反推出我们现在该选择什么样的行为。正因如此，"设想我们理想中的样子，接着据此塑造角色，付诸行动，最终改写故事"才显得尤为重要。

这个故事就是我们今后的人生，即**"主人公的成长故事"，也是成为理想中的自己的故事。**

谁都不清楚将来会发生什么事，又会面临什么状况，但"主人公不断成长为理想中的自己"这一中心思想不会改变。

如果将其理解成一个故事，我们的接纳度也许会提高，思维和行为方式也许也会发生改变。**即使故事的细节有变，其主要情节也会始终如一，即"你这位主人公不断成长为理想中的自己的故事"。**

但如果先决定我们想做的事，再制定职业规划，那么当发生预料之外的事情或者想做的事不被时代认可时，我们的故事情节可能又需要改写了。这样一来，我们又要从头开始进行自我分析，接着再次决定自己想做的事。

为了避免发生这种情况，**希望大家基于"故事思维"，撰写"你的成长故事"，即"从我们自己想成为的样子反推，塑造朝着这个目标前进的角色，接着不断付诸行动"**，大胆地改变思维和行为方式，这才是本书想要传达的理念。

让我们成为故事的主人公，成长为自己想成为的样子，从而推动我们的人生故事。如果本书能让你掌握"故事思维"，我将感到荣幸之至。

各位，请加油吧！

小结

故事终于迎来了尾声。

结尾部分的主要内容是，正因为我们生活在一个无法预知未来的时代，所以**与其制定职业规划，不如塑造角色，这更有利于我们从容地应对未来。**

人会因为故事而改变自己的思维和行为方式。

所谓人生，就是"你这位主人公不断成长为理想中的自己的故事"。

各位，请全力以赴吧！

后记

我身边有许多管理者和企业家朋友，他们都一致表示"不想写类似自我启发的题材"。

我理解他们的心情，因为我以前也只想写精彩的自传、专业类图书，或者与最新技术和知识相关的书。虽然有很多人邀我写这类书，但我从未接触过技术类以外的题材。

然而，回想起来，其实我一直都很爱看自我启发类的书。正因为我自知能力不高、内心不够强大，性格也不足以与那些领导能力强的人相提并论，所以才拼命阅读这类书，以求对我自己有所帮助。

从结论来看，我明白了"拼命阅读，不断实践，最终的确可以成功"。从学生时代开始，我就一直在看不受大家待见的自我启发类的书，并且不断地进行实践。

这样的我突然发现，刻意与自我启发类的书划清界限似乎是错误的想法。于是，我努力写了这本书。

我经常在互联网上冲浪，所以如果对本书内容存在不理解之处，请尽情提问或留言，我将感到无比荣幸。

接下来，我要感谢帮助过我的每一个人。

感谢编辑箕轮厚介的邀稿，促成了本书成稿出版。本书历时一年多才完成，其间经过多次修改、润色以及反复讨论，直至我自己满意为止。箕轮是一位天才编辑，如果没有他的细致建议，我就不可能顺利地完成本书。

另外，我在前文提到的"alu 开发工作室"平台收到了大量的反馈，在此一并向大家表示诚挚的谢意。

此外，还要感谢每天为我提供乐子和建议的 King Kong（日本的搞笑组合）成员西野亮广、IT 评论家尾原和启，为我写作提供帮助的西岛，让我感受到网络魅力的西村博之和糸井重里，以及让我的历史知识更丰富、视野更开阔的 Coten 公司的深井龙之介。继续列举名字恐怕要超过 1000 人了，就此谢过，真心特别感谢帮助过我的每一个人。

希望以本书为契机，你的人生会稍微有所改变。